經營顧問叢書 ⑲

總經理如何管理公司

李平貴　編著

憲業企管顧問有限公司　發行

《總經理如何管理公司》

序　言

　　管人是科學，用人是藝術。「用人管人」是領導者必備的一種綜合能力。

　　自古以來，胸有宏業偉績之士，無不以攬天下英雄人物爲己任；企業擁有優秀人才，才得以成長、茁壯。

　　劉備三顧茅廬請諸葛。蕭何月下追韓信，成爲千古美談。要成就事業，必得一流人才。沒有人才，從何空談事業．不用賢能之智，不借良才之長，乃愚蠢之舉。總經理的才幹，就是長於識人善用，這就是用人的藝術。

　　社會是複雜的，人心是微妙的，關係是迷離的，各種不確定因素增加了領導的難度，「管人」與「用人」是矛盾的，這是一個待解的難題，又是一份必答的考卷。

　　真的求到賢能之才該怎樣使用呢?人有愚賢，才有大小，德

有高下。如果不長一雙慧眼，又怎能用人之長，避人之短。信任每個人和不相信任何人同樣都是錯誤。用人得當，就是得人，用人不當，就是失人。

「領導的要義就是發動其他人去工作。」總經理即使三頭六臂，也不可能獨攬一切，你也許能做兩份的工作，但是你不能變成兩個人。一個高明的領導者，其高明之處就在於使每一個層次的人員都能各司其職，善盡其責。

對總經理而言，經營人心才是事業健康、持續發展的關鍵。大自然的法則就是「物競天擇，適者生存」。引發競爭，決出優劣，就會喚起人們的熱情，刺激人們的積極性和創造性。

我在撰寫「**總經理如何經營公司**」一書後，獲得甚多讀者鼓勵嘉許之言，再度執筆寫此書「**總經理如何管理公司**」，這本書是屬於總經理的，大部分案例都是針對總經理的管理用人之技巧，在這些豐富的經驗上賦予新的思維、新的角度，同時給予了新的意義；吸收了許多行為科學的思想和方法，並結合企業的現狀，變成我們自己的智慧。「用人管人」是一門藝術，需要我們在企業經營中不斷地修煉和感悟。

....

推薦你閱讀系列精彩叢書：

1、《總經理如何經營公司》

2、《總經理如何管理公司》

歡迎上網查看：www.bookstore99.com

郵局購買方法：劃撥賬戶：18410591　　憲業企管顧問公司

《總經理如何管理公司》

目　錄

1

將問題簡單化，只做需要做的事

簡單做事的精髓，就是「只做需要做的事」，這聽起來就像廢話一樣，因為我們誰也不會把精力浪費在不需要做的事情上。但事實果真如此嗎？恐怕並不是這樣。

「我們一定要改用分權，以突破瓶頸。」主管們這樣說。

一年後，主管們的說辭是：「我們一定要改用集權，以提高效率。」

或許第三年又會改回分權制也說不定。誰知道呢？我們的管理人員有時候是很變幻莫測的，就像倫敦的天氣一樣。

於是，爲了改革而改革，爲了做事而做事。管理變成了那些不必要的、累贅的和限制性的財政尺度，變成那些經常是被熱心的人力資源部門（又稱人事部）煽動起來的白癡項目，變成那些雖然出於好意卻又過於頻繁的「品質意識日」，變成公司製作的書籍、小冊子和錄影帶，更不要說一些形式的「職員培訓」。

誠然，把做一件事情的速度提高 50%、費用降低 50%是一個巨大的進步，但如果這件事根本就不值得去做，做這件事就是一個 100%的錯誤。只做需要做的事，就意味著：「好的」不一定是需要的！不值得做的，千萬別做！其他人都在做的，也別

做！

　　不要以為自己做的每一件事都是最重要的，也不要以為自己做的每一件事都是正確的。你要深知自己是一個管理者，你的每一個決定和決策的正確與否以及是否有必要實施不僅僅是你個人的事，它牽涉到公司的利益、大家的利益。所以記住只做需要做的事，否則只會勞民傷財，適得其反。

　　橄欖樹嘲笑無花果樹說:「你的葉子到冬天時就落光了，光禿禿的樹枝真難看，那像我終年翠綠，美麗無比。」不久，一場大雪降臨了，橄欖樹身上都是翠綠的葉子，雪堆積在上面，最後由於重量太大把樹枝壓斷了，橄欖樹的美麗也遭到了破壞。而無花果樹由於葉子已經落盡了，全身簡單，雪穿過樹枝落在地上，結果無花果樹安然無恙。

　　外表的美麗不一定適應環境，有時是一種負擔，而且往往會為生存帶來麻煩或災難。相反，平平常常倒能活得自由自在。所以，不如放下你外表虛榮的美麗，或者是不實的身份和地位，踏踏實實地去體會真實簡單的生活，相信這樣你將獲得更多的樂趣。

　　在企業管理中，企業管理不必太複雜化，使事情保持簡單是企業發展的要旨之一。當然，簡單化要求總經理要有「巨大的自信心。」信心對所有學習型公司來說是一個至關重要的因素，它像簡單化一樣，也在一個非正式的舞臺上日漸繁盛。

　　能簡單的時候就不要複雜，複雜不僅不能證明你能力的高深，反而會襯托你的平庸和無能。本來一句話能表達清楚的問題,何必說十句呢？況且另外九句話只能讓人感到疲倦和厭惡。

有些管理者偏偏喜歡長篇大論，你想誰會有時間去閱讀一大堆記不住的、乏味的計劃書呢？計劃應壓縮成只有一頁紙長短的、有力的、實用的、可張貼的以及令人難忘的文字說明。如果能夠把計劃中的要素清晰地定義出來，那麼，即使最複雜的戰略也可以用一頁紙的篇幅完整地表達出來。

總之，企業管理不必太複雜化，使事情保持簡單是企業發展的要旨之一。把複雜的問題簡化成簡單的問題加以解決，是管理者的明智之舉。寶潔公司的制度就具有人員精簡、結構簡單的特點，並且該制度與其雷厲風行的行政風格相吻合。

管理者制定了「深刻明瞭的人事規則」，它得到順利的推行並獲得了良好的評價。而最能體現這種簡潔明瞭的效率就集中體現在該公司「一頁備忘錄」原則上。

所謂「一頁備忘錄」是指儘量精簡公司所有的報告文件，以盡可能簡練的語言來描述公司的現狀和未來的發展趨勢。其內容會隨著具體情況的變動而增加或減少。這一風格可以追溯到該公司的前任管理者理查‧德普雷。

理查‧德普雷強烈地厭惡任何將簡單問題複雜化的做法，所以，他十分反感那些超過一頁的備忘錄。他通常會在退回一個冗長的備忘錄時加上一條命令：「把它簡化成我所需要的東西！」如果該備忘錄過於複雜，他會加上一句：「我不理解複雜的問題，我只理解簡單明瞭的東西！」他認為，管理者的工作任務之一就是教會別人如何把一個複雜的問題轉化為一系列相對簡單的問題。只有這樣，才能既提高管理者自身的工作效率，又能更好地指導下屬著手後面的工作。

隨著 MIS(管理信息系統)的擴散和預測模型及大量員工之間無止的較量，導致了解決問題過程中的「政治化」，這些進一步地增加了不穩定性因素。而一頁備忘錄解決了很多的問題。首先，只有少量的問題有待討論，那麼覆核和使其生效的能力將大大加強。其次，建議條目按序展開，簡潔、易懂。總之，一頁備忘錄使企業的管理遠離了模糊和淩亂，並因簡潔明瞭的積極的作風爲公司帶來了令人欣慰的高效率。

簡單化使責任、信任、自由、管理與控制都一目了然，使每個人更多地自主決策——即使世界仍創造著無盡的選擇。不要過於天真，簡單是一項法則。簡單要求你、我和我們爲之效力的公司走出決策的幼稚階段。如果我們能夠完成這場轉變，每個人便都能夠聰明地進行管理工作。因爲，腦力工作是從我們組織、瞭解和理解一切要求注意的東西開始的。

如今簡單地工作、簡單地做事是每一個企業管理者所追求的目標。

簡單絕不意味著單純。人們經常把簡單和單純混爲一談，殊不知差之毫釐，謬以千里。簡單是一種行之有效的思維方式。

使事情簡單化並不意味著更大的工作量，而是要求採取不同的途徑工作。你的部下正尋求激發想像力的想法和工具，在秩序和變化之間掌握平衡。這不正是你孜孜以求的嗎？

簡單要求我們改變遊戲規則，走出管理的那一套邏輯，因爲它讓我們走進萬劫不復的絕境。你需要做的是從人性出發，把一切簡單化。無論你願不願意承認，人性的威力無窮：人性總是控制一切。這一點，你無法抗拒。

2

多餘的管理層級必須摒棄

一隻蚊子停留在母牛的角上。過了一會兒，它想飛到別處去，它「嗡嗡」地叫著和母牛告別，問牛是否捨得它離去。母牛冷漠地回答它：「你來的時候我不知道，現在你走了，我也不會失去什麼。」

牛也許根本沒有覺察到蚊子的存在，蚊子卻認爲自己很重要，還要虛張聲勢，自做多情，引起牛的注意。

人貴有自知之明。再有，一個人重不重要應該由他帶給別人的價值來決定。一味自重最後只能遭到別人的奚落和嘲笑。

一個企業，本可以設一個經理就夠，若還設了三個副經理在那拿薪水亂管事，這種多餘的管理層，不正是累贅嗎。我們要懂得管理越簡單越好：

發動變革、裁撤冗員、業務重組這些策略使通用電氣的面貌大爲改觀，但傑克·韋爾奇認爲這些還不夠。他覺得有必要減少現有的管理層次，以促使高級管理人員最大限度地發揮其潛能。他稱這項策略行動爲「減少層次」，旨在創立一種不拘泥於形式的、開放的組織機構。在通用電氣，過多的管理層次引發了許多不必要的麻煩，阻礙在通用電氣培育開放性思維。

在過度官僚的氣氛中太容易忘記公司經營的基本目標——精幹、靈活，贏得更強的競爭實力。過多的控制限制了公司管理者，降低了他們的決策效率，阻礙他們跟上日新月異的經營環境的變化步伐。

通用電氣的管理結構顯得異常臃腫，似乎公司的每一個人都或多或少有個頭銜：大約 25000 位經理；500 位高級經理；130 位副總裁以上職位的人員。這些經理們的主要工作就是監督其下一級經理的工作行為。備忘錄等各種公司文件在他們之間層層上報又層層下達，韋爾奇認為這些無謂的工作只能大大降低決策效率。經理們會因為過度忙於閱讀這些文件，不能在問題出現的第一時間有所覺察。

「減少層次」這一策略計劃實施的最基本功能是：塑造韋爾奇極力宣導的雷厲風行的企業實幹精神。80 年代期間，通用電氣的事業部主管必須向資深副總裁彙報工作；資深副總裁按規定向執行副總裁彙報；而所有這些資深副總裁和執行副總裁都擁有自己的下屬員工和職責範圍。韋爾奇廢除了這些繁文縟節，要求業務主管們直接對 CEO 辦公室，即韋爾奇和他的兩位副董事長，負責並彙報工作。

通過廢除橫亙於 CEO 和各事業部主管們之間的管理層次，韋爾奇可以直接與其業務主管們交流，不再有管理層次的阻礙。管理等級從原有的 9～11 個層次降至 4～6 個層次。

當時，繁多的管理層次被視為珍品。按照等級管理層次之間層層監督的體制，曾被視為管理一家企業的經典方法。在這種背景下，難怪批評家們會指責削減管理層次將直接削弱通用

電氣的命令傳達和控制體系。對此，韋爾奇反駁道，他所做的一切是爲了消除管理體系中的控制部份；並同時保留命令部份。

　　通過通用電氣減少的管理層次，韋爾奇決定將落實公司經營策略的職能從高級經理轉移到事業部主管身上，從而使整個程序變得精簡而迅捷。

心得欄 _____

_____

_____

_____

_____

_____

3

放下架子有利於工作的開展

　　一個管理者即使能力很強，如果架子很大，那也只能惹人討厭，以致影響工作的開展。要想實現成功管理，最簡單也是最首要的是放下架子。日本某礦業公司的一位董事長在他年輕時，因為自己工作上急於求成，遇事常急躁衝動，把事情辦得很糟，結果被貶到基層礦山去擔任一個礦的礦長。到職時，在歡迎酒會上，由於他一不善喝酒，二不善辭令，以致被老職員們認為是一個不講人情的上司，年輕的職員和礦工們對他更是敬而遠之。他在礦裏一度很被動，工作開展不起來。

　　這樣悶悶過了大半年後，在過年前夕，舉辦同樂會，大家要即興表演節目。他這時在同樂會上唱了幾句家鄉戲，贏得了熱烈的掌聲。連他自己也沒想到，那些一向對他敬而遠之的部下們，會因此而對他表示如此的親近和友好。此後他還在礦上成立了一個業餘家鄉戲團。從此，他的部下非常願意和他接近，有事都喜歡跟他談。他也更加與部下貼心了，由過去令人望而生畏的人變成了可親可敬的人。在礦上無論一件多難辦的事，只要經他出面，困難就會迎刃而解，事情定能辦成。由此這個礦的生產突飛猛進。因為他工作有能力，而且如此得人心，後

來他榮升為這個公司的董事長。

他升為董事長後，有一次在工廠開現場會，全公司的頭面人物都出席了。會上大家都為本年度的好成績而高興，於是公司總裁的秘書小姐提議使大家在高度歡樂中散會。她想出一個辦法，把一個分公司的副經理拋到噴泉的池子中去，以此使大家的歡樂達到高潮，總裁同意這位小姐的提議，就和這位董事長打招呼，董事長表示這樣做不妥，決定由他自己——公司最高領導者，在水池中來一個旱鴨子游水。

董事長轉向大家說：「我宣佈大會最後一個項目就是秘書小姐的建議：她叫我在泉水池中來一個旱鴨子戲水，我同意了，請各位先生注意了，我就此作表演。」於是他跳入池中，遊起泳來，引得參加會議的幾百人哄堂大笑……

事後總裁問他：「那天你為什麼親自跳下水池，而不叫副經理下去呢？」

董事長回答說：「一般說來，讓那些職位低的人出洋相，以博得眾人的取笑，而職位高的人卻高高在上，端著一副架子，使人敬畏，那是最不得人心的了。」董事長這些話喚醒了總裁，使他和董事長一樣平時注意與部下打成一片，學到了辦好企業的招數。

作為管理者，在下屬面前，如果你認定了「我」是經理，「你」是工人，應當各盡其職。這樣，下級就不可避免地要對這樣的上司採取疏遠態度，也要和他所代表的公司疏遠。這樣你與員工的距離成了無法逾越的鴻溝，工作就愈加難以開展。

東芝公司是世界上有名的大企業，它除了產品具有較強的

競爭力外，在行銷工作中也是高招迭出。所以，業務發展迅速。

　　有一次，該公司的董事長土光敏夫聽業務員反映，公司有一筆生意怎麼也做不成，主要是因為買方的課長經常外出，多次登門拜訪他都撲了空。土光敏夫聽了情況後，沉思了一會，然後說：「啊！請不要洩氣，待我上門試試。」

　　業務員聽到董事長要「御駕親征」，不覺吃了一驚。一是擔心董事長不相信自己的真實反映；二是擔心董事長親自上門推銷，萬一又碰不上那企業的課長，豈不是太丟一家大企業董事長的臉！那業務員越想越怕，急忙勸說：「董事長，不必您親自為這些具體小事操心，我多跑幾趟總會碰上那位課長的。」

　　業務員沒有理解董事長的想法。土光敏夫第二天真的親自來到那位課長的辦公室，但仍沒有見到課長。事實上，這是土光敏夫預料中之事。他沒有因此而告辭，而是坐在那裏等候，等了老半天，那位課長回來了。當他看了土光敏夫的名片後，慌忙說：「對不起，對不起，讓您久候了。」土光敏夫毫無不悅之色，相反微笑說：「貴公司生意興隆，我應該等候。」

　　那位課長明知自己企業的交易額不算多，只不過幾十萬日元，而堂堂的東芝公司董事長親自上門進行洽談，覺得賞光不少，故很快就談成了這筆交易。最後，這位課長熱切地握著土光敏夫的手說：「下次，本公司無論如何一定買東芝的產品，但惟一的條件是董事長不必親自來。」隨同土光敏夫前往洽談的業務員，目睹此情此景，深受教育。

　　土光敏夫此舉不僅做成了生意，而且以他坦誠的態度贏得了顧客。此外，他這種耐心而巧妙的行銷技術，對本企業的廣

大員工是最好的教育和啓迪。由此我們可知管理並不是多麼高深莫測的學問，有時它簡單到只需你放下架子，工作便能進行得相當順利。

心得欄 _____

_____

_____

_____

_____

_____

4

把人才放在合適的位置上

去過廟的人都知道，一進廟門，首先是彌勒佛，笑臉迎客，而在他的北面，則是黑口黑臉的韋陀。但相傳在很久以前，他們並不在同一個廟裏，而是分別掌管不同的廟。

彌勒佛熱情快樂，所以來的人非常多，但他什麼都不在乎，丟三拉四，沒有好好的管理賬務，所以依然入不敷出；而韋陀雖然管賬是一把好手，但成天陰著個臉，太過嚴肅，搞得人越來越少，最後香火斷絕。

佛祖在查香火的時候發現了這個問題，就將他們倆放在同一個廟裏，由彌勒佛負責公關，笑迎八方客，於是香火大旺。而韋陀鐵面無私，錙銖必較，則讓他負責財務，嚴格把關。在兩人的分工合作中，廟裏呈現一派欣欣向榮景象。

企業裏，知人善用很簡單，只要像佛祖安排韋陀和彌勒一樣，把人才放在合適的位置上就行了。關鍵在於你怎麼用。

德魯克指出：做出有效的人員晉升與人員配備的政策有以下幾個簡單而又重要的步驟：

1.搞清楚任命的核心問題

任命之前，起碼要先搞清楚任命的原因和目標，其次才是

物色適合人選的問題。

阿爾弗雷德・斯隆爲了一個很低職位的任命──一個很小的附屬部門的行銷主管──要在三個素質相當的候選人之間做出挑選，而在挑選之前則要花很長的時間來考慮該項任命。

當面臨著一項挑選一個新的地區行銷主管的任務時，負責此工作的管理者，應首先弄清楚這項任命的核心：要錄用並培訓新的行銷員，是因爲現在的行銷員都已接近退休年齡？還是因爲公司雖在老行業幹得不錯，但一直還沒有滲透到正在發展的新市場，因而打算開闢新的市場？或是因爲，大量的銷售收入都來自多年如常的老產品，而現在要爲公司的新產品打開一個市場？根據這些不同的任命目標，就需要不同類型的人。

德魯克特別強調，職位應該是客觀的，職位應根據任務而定，而不應因人而定。德魯克指出，假如「因人設事」，組織中任何一個「職位」的變更，都會造成一連串的連鎖反應。組織中的職位，都是互相關聯的，牽一髮而動全身。我們不能爲了給某人安插某一個「職位」，而使整個組織的每一個人都受到牽連。因人設事的結果勢必會造成大家都是「人不適職」的現象。

此外，德魯克認爲，只有這樣，我們才能爲組織選用所需的人選。也只有這樣，我們才不能不容忍各種人的脾氣和個性。只有容忍了這些差異，內部關係才能保持以「任務」爲重心，而不是以「人」爲重心。

2.確定一定數目的候選人才

這裏的關鍵是「一定數目」。正式的合格者是考慮對象中的極少數；如果沒有一定數目的考慮對象，那選擇的範圍就小，

確定適宜的人選難度就大。要做出有效的用人決策，管理者就至少應著眼於 3～5 名合格的候選人。

3.用人要用人長處

如果一個管理者已經研究過任命，他就明白一個新的人員，最需要集中精力做什麼。核心的問題不是「各個候選人能幹什麼？不能幹什麼？」而應是「每個人所擁有的長處是什麼？這些長處是否適合於這項任命？」短處是一種局限，它當然可以將候選人排除出去。例如，某人幹技術工作可能是一把好手，但任命所需的人選首先必須具有建立團隊的能力，而這種能力正是他所缺乏的，那麼，他就不是合適的人選。

德魯克極為突出地分析了兩種用人思維方法，一種是只問人的長處而用之；一種是注意人的短處，用人求全。前者能使組織取得績效，後者卻只會使組織弱化。

有效的管理者能使人發揮他的專長。他懂得用人不能以其弱點為基礎。要想取得成果，就需用人之所長——他人之所長、上級之所長及自我之所長。每個人的長處，才是他們自己真正的機會。發揮人的長處，才是組織的惟一目的。須知任何人都必定有很多弱點，而弱點幾乎是不可能改變的。但我們卻可以設法使弱點不發生作用。管理者的任務，就在於運用每一個人的長處。有效的管理者擇人任事和升遷，往往都以一個人能做些什麼為基礎，所以，他的用人決策在於如何發揮人的長處。

一個有效的管理者並非以尋找候選人的短處為出發點。你不可能將績效建立於短處之上，而只能建立於候選人的長處之上。許多求賢若渴的管理者都知道，他們所需要的是勝任的能

力。如果有了這種能力，組織總能夠爲他們提供其餘的東西，若沒有這種能力，即使提供其餘的東西，也無濟於事。

4.讓所任命的人瞭解職位

被任命人在新的職位上工作了一段時間後，應將精力集中到職位的更高要求上。管理者有責任把他召來，對他說：「你當地區行銷主管——或別的什麼職務——已有 3 個月了。爲了使自己在新的職位上取得成功，你必須做些什麼呢？好好考慮一下吧，一個禮拜或 10 天后再來見我，並將你的計劃、打算以書面形式交給我。」並指出他可能已做錯了什麼。

如果你沒有做這一步，就不要埋怨你的任命人成績不佳。應該責怪你自己，因爲你自己沒盡到一個管理者應盡的責任。

心得欄 _____

_____

_____

_____

_____

_____

5

根據每個人的長處充分授權

西方管理學者卡尼奇說：「當一個人體會到他請別人幫他一起做一件工作，其效果要比他單獨去幹好得多時，他便在生活中邁進了一大步。」正確授權，首要一條是必須善於使用德才兼備的幹部，把人才放在重要位置上；其次，必須堅持不干預下級工作的原則，做到用人不疑，疑人不用，不用害怕使用能力比自己強的人。

卡耐基有一句話很有啓示，他說：我知道得不多，但我手下有很多人都知怎麼去把事情做好。

假如有人可以比你做得更快、更好，請他們來做。如果你的收入超出了最低的薪水，那就別做最低薪水的工作，除非你喜歡做那些工作。如果你覺得掃落葉有趣，就去做吧；但一旦它變成了瑣事，就停下來，僱用其他人來做。即使不是最低薪水的工作，自己做也可能相當浪費時間，例如修理汽車、修理電器。假如你擅長修補東西或學得很快，就可以親自動手去修理水龍頭。假如你是笨手笨腳的人，而且要花很多時間學習的話，那就花錢請人來做吧，除非你沒有錢或是你非常喜歡修修補補，並且感覺很好。

最近的一項研究發現，美國的經理人與專業人士在工作上都陷入了這種陷阱之中。這項針對 95 個辦公室中 1700 多位員工所作的研究發現，經理人與專業人士的工作時間中，只有一小部份是用在他們受僱的工作上。該項研究的指導人——經濟學家彼得‧薩森發現，幾乎在每一個辦公室裏，完成一份工作所使用的經理人和專業人士都比取得經濟效益所需要的多得多，而後勤人員則太少。薩森的建議是：僱用後勤人員去做事務性的工作。如果一個機構的高薪專業人員花了很多時間在做複印、裝信封的瑣事，這絕不是在省錢。

管理者千萬不要企圖自己來單獨完成某一件事情。你必須精於與你領導的團隊裏的每一個聰明的傢伙打交道，與他們建立良好的合作，並充分激勵他們。如果你真正做到這一點，那麼恭喜你，你已經把整個世界都拋到了屁股後面。

真正做到授權後，你會發現：當你清清楚楚地告訴員工該怎麼做時，他們照單全收，不多也不少；而讓他們發揮自主性自我管理後，他們做了很多事。

你需要用心想一想：我授權的時機對嗎？我是否授權過度了？我真的授權了嗎？

學會接權首先要找對恰當的授權的時機：

1.當下屬中有人比你還瞭解這件事情時；

2.當下屬中有人處理這件事情比你還老到時；

3.當下屬中有人比你更適合處理這件事情時；

4.當下屬中有人處理這件事情比你有經驗時；

5.當下屬去做這件事情比你親自去做成本更低時。

最不恰當的授權時機是：在公司剛開始進行大裁員，發生恐慌時，或發生大變革還未穩定下來時。因爲那時你的員工的情緒還很不穩定。

其次授權要負責任，不負責任地下放職權，不僅不會激發下屬的積極性和創造性，反而會適得其反，引起他們的不滿。有的管理者每次向下屬交代任務時總是說：「這項工作就拜託你了，開始都由你做主，不必向我請示，只要在月底前告訴我一聲就行了。」這種授權法會讓下屬們感到「無論我怎麼處理，老闆都無所謂，可見對這項工作並不重視。就算最後做好了，也沒什麼意思。老闆把這樣的工作交給我，不是在小看我嗎」。高明的授權法是既要下放一定的權力給下屬，又不能給他們以不受重視的感覺；既要檢查督促他們的工作，又不能使下屬感覺到有名無權。若想成爲一名優秀的管理者，就必須深諳其道。

再次你要確定你真的授權了。你也許一天到晚想的是授權，甚至一週開兩次會議來討論授權問題；你也許還上過關於授權的培訓課。但是，我想問的是：當你一直在談論授權時，你是否真的去實行了？

真正有授權的組織不會談論這個問題，而那些大談特談的往往缺乏授權，它們過去花了很多時間去剝奪每個人的權力，所以才會猛然發現授權是個天外福音。

事實上，真正的授權最自然不過，人們知道必須做什麼並且去做，就像蜂巢裏的工蜂。真正健康的組織既會向其下屬授權，而且領導要傾聽正在發生的看上去不錯的事情。

高明的管理者之所以高明，平庸的管理者之所以平庸，其

區別很簡單僅在於高明者懂得放手管理，充分授權於下屬，而平庸者則事無巨細，全部包攬。

授權也並不難，因為每個人都有自己擅長的領域，也有不熟悉的方面，所以在授權的時候若能夠人盡其才，大膽啟用精通某一行業或崗位的人，並授予其充分的權力，使其具有獨立做主的自由，能自己做出決定，並能激發他們工作的使命感，這是管理人實現成功管理的簡單原則，也是適應公司發展潮流的必然要求。

本田第二任社長河島決定進入美國開工廠時，企業內預先設立了籌備委員會，聚集了來自人事、生產、資本三個專門委員會中最有才幹的人員。做出決策的是河島，而制定具體方案的是員工組織，河島不參加，他認為員工做得會比自己做得更好。比如，位於俄亥俄州的廠房基地，河島一次也沒有去看過，這足以證明他充分授權給下屬。當有人問河島為何不赴美實地考察時，他說：「我對美國不很熟悉。既然熟悉它的人覺得這塊地最好，難道不該相信他的眼光嗎？我又不是房地產商，也不是帳房先生。」財務和銷售方面的工作河島全權託付給副社長，這種做法繼承了本田一貫的做事風格。1985 年 9 月，在東京青山一棟充滿現代感的大樓落成了，赴日訪問的英國查理斯王子和戴安娜王妃參觀了這棟大樓，傳播媒體也競相報導，本田技術研究工業公司的「本田青山大樓」從此揚名世界。實際去規劃這棟總社大樓、提出各種方案並將它實現的是一些年輕的員工們，本田宗一郎本人沒有插手此事。成為國際性大企業的本田公司在新建總社大樓時，這位開山元老竟沒有發表任何意

見，實在難以想像。

　　第三任社長久米在「城市」車開發中也充分顯現了對下屬的授權原則。「城市」開發小組的成員大多是 20 多歲的年輕人。有些董事擔心地說：「都交給這幫年輕人，沒問題吧？」「會不會弄出稀奇古怪的車來呢？」但久米對此根本不予理會。年輕的技術人員則平靜地對董事們說：「開這車的不是你們，而是我們這一代人。」

　　久米不去聽那些思想僵化的董事們在說些什麼，而本田又會如何對待這一情況呢？他說：「這些年輕人如果說可以那麼做，那就讓他們去做好了。」

　　就這樣，這些年輕技術員開發出的新車「城市」，車型高挑，打破了汽車必須呈流線型的「常規」。那些固步自封的董事又說：「這車型太醜了，這樣的汽車能賣得出去嗎？」但年輕人堅信：如今年輕的技術員就是想要這樣的車。果然，「城市」一上市，很快就在年輕人中風靡一時。本田正是根據每個人的長處充分授權，並大膽使用年輕人，培養他們強烈的工作使命感，從而造就了本田公司輝煌的業績。

6

放入「鯰魚」，讓員工保持緊張感

挪威人的漁船返回港灣，魚販子們都擠上來買魚。可是漁民們捕來的沙丁魚已經死了，只能低價處理。其中一個漁民捕來的沙丁魚還是活蹦亂跳的。商人們紛紛湧向這個漁民：「我出高價，賣給我吧！」

「賣給我吧！」

商人問他：「你用什麼辦法使沙丁魚活下來呢？」

「你們去看看我的魚槽吧！」

原來，這個漁民的魚槽裏有一條活潑的鯰魚到處亂竄，使沙丁魚們緊張起來，加速遊動，因而它們才存活下來。

其實激勵人的道理也是一樣。一個公司如果人員長期穩定，就會缺乏新鮮感和活力，從而使公司員工產生惰性。

因此，管理人員就應該請來一條「鯰魚」。讓他擔任部門的新班長。讓公司上下的「沙丁魚」們立刻產生緊張感。「你看新班長工作速度多快呀！」「我們也加緊幹吧，不然要被炒魷魚了。」這就產生了「鯰魚效應」。這樣，整個公司的工作效率不斷提高，利潤自然是翻著筋斗上升。

1991 年 12 月，約瑪·奧利拉被諾基亞董事會任命爲新的

總裁。這個決定令奧利拉大吃一驚：「我毫無準備，而且我也並不覬覦這個職位。但我還是知道自己該做些什麼。」

諾基亞的員工對這個新總裁可沒什麼指望的。奧利拉也顯得有點缺乏信心。

但奧利拉信心的增長和諾基亞業績的提高成正比。

1992 年最後一個季度的數據已顯示出效益的增長。到 1993 年，諾基亞已經擺脫危機的陰影走向光明。隨著收益的曲線的上升，奧利拉的信任度也以同樣的速度增長。他有了自信，更辛勤地穿梭於世界各地諾基亞的企業。

奧利拉最讓人看不懂的就是開始「變賣」家產。這讓諾基亞「老人兒」心疼。

人們不理解約瑪·奧利拉的宏偉計劃。他告訴人們：把其他部門賣掉，就是為了保證移動網路和移動電話業務的持續發展。

芬蘭人一致認為，約瑪·奧利拉堅定而快速地轉向電信業的發展規劃以及出售諾基亞其他部門的行為具有天才的創意。

因為有了奧利拉，這就變得更加可能。畢竟奧利拉是作為諾基亞移動電話部門的主管而且身經百戰後成為公司總裁的，他血管中流動的都是電信的血。

1992 年，諾基亞的實力（利潤）如下（100 萬瑞典克朗）：移動電話，655；電信，640；電視機製造，-1176；電纜、機械，171；其他，139。

就是再傻的人也看得出，電視機製造部門應該淘汰了，而電纜和「其他」業務也應該給電信部門讓位。事實也是如此。

到最終任務完成時，奧利拉總是把戰功記在員工身上，把自己說成是「總推銷員」。

奧利拉最看重的就是他的組織。

奧利拉嚴格要求，公司的產品應該完好無損地出廠，所有的配件應該輕鬆獲取，在工序中都不應該出現瓶頸。員工們必須百分之百地將注意力集中在諾基亞發展戰略上。

奧利拉最大的實力就在於對他人的理解，他總是能爲合適的人找到合適的工作。

各個階層的員工不斷地變換崗位，接受新的挑戰。在走向工作崗位前，所有諾基亞的新員工都會得到一個手冊。上面寫著這樣一句話：「你爲諾基亞做得越多，諾基亞也能爲你做得越多。」

奧利拉的成功管理就在於放入了活潑的「鯰魚」，讓員工保持了適度的緊張感，盡力去發揮潛能。

心得欄

_____

_____

_____

_____

_____

_____

7

80%的價值是由 20%的人創造的

總經理的管理技巧，在於要捉住關鍵點。

1897 年，義大利經濟學家帕累托偶然注意到英國人的財富和收益模式，他的研究成果就是後來著名的 80/20 法則。

帕累托研究發現，大部份的財富流向了小部份人一邊，被小部份人所佔有。而且這一部份人口佔總人口的比例，與這一部份人所佔有財富的比率，具有不平衡的數量關係。進一步的研究證實，這種不平衡模式會重覆出現，具有可預測性。

於是，帕累托從中歸納出了一個簡單而驚人的結論：

如果 20%的人佔有 80%的社會財富，由此可以預測，10%的人所擁有的財富為 65%，5%的人享有的財富為 50%。

由此，我們可以發現一個有違一般人期望的現象：通常情況下，我們 80%的努力，也就是付出的大部份努力，與我們得到的報酬和成果沒有關係，或者說沒有直接的關係。80%的收穫來自 20%的努力，其餘 80%的力氣只帶來 20%的結果。

80/20 法則告訴人們一個道理，即在投入與產出、努力與收穫、原因和結果之間，普遍存在著不平衡關係。少的投入，

可以得到多的產出；小的努力，可以獲得大的成績；關鍵的少數，往往是決定整個組織的產出、盈虧和成敗的主要因素。

透過這一法則我們可以發現：在世界上，大約 80%的資源由世界上 20%的人口所消耗掉；在公司的客戶中，有 20%的客戶會為公司帶來 80%的收入；在企業中，20%的員工為企業創造了80%的財富。

任何人如果想成為一個企業的領袖，或者在某項事業上獲得巨大的成功，首要的條件是要有一種鑑別人才的眼光，能夠識別他人的優點，並在自己的事業道路上充分利用他們的這些優點。

80/20 法則本身就說明經營企業不應該面面俱到，而應側重抓關鍵的人、關鍵的環節、關鍵的崗位和關鍵的項目，也就是說，管理者把主要精力放在 20%業務骨幹的管理上，抓好企業發展的骨幹力量，再以 20%的少數帶動 80%的多數，以提高企業效率。

近些年，通過市場導向和資本的紐帶作用，一些相近、相似、相連的企業正逐步聯合起來，組成大企業集團。企業大了，相應的經營管理難度也加大了。過去那種小企業「人盯人」的管理辦法，自然行不通。一些管理者過去管理一個數百萬元產值的企業遊刃有餘，如今經營起數千萬元、數億元產值的企業，卻不知從何入手，這恐怕是很多管理者面臨的一個共同問題。家大攤子大，攤子大業務大，業務大投入精力就多。如果把握不住工作重心，抓不住經營關鍵，什麼事都想攬，什麼人都想管，什麼賬都想算，什麼行當都想入，那麼，這個企業很快就

會成為一個「大而全」的「第二政府」，這個經營者可能成為一個大權獨攬的「孤家寡人」，下屬也就沒有積極性可言。

現在，一提到經營管理怎麼抓，經營者們就會不約而同地說：「突出重點。」可是，在實際工作中，卻照樣均衡用力。80/20法則神奇之處，就在於確定了經營者的大視野：關注 20%的重點信息、20%重點項目。抓住了這幾個 20%，整個工作就會順勢而上。

一位商界著名人物曾說自己的成功得益於他鑑別人才的眼力，這種眼力使得他能把每一個職員都安排到恰當的位置上，而從來沒有出過差錯；不僅如此，他還努力使員工們知道他們所處的位置對於整個事業的重大意義。這樣一來，這些員工無需別人的監督，就能把事情辦得有條有理、十分妥當。

20%的骨幹力量，並不是能把每件事情都做得很好、樣樣精通的那些人，而是能在某一方面做得特別出色的人。比如說，對於一個擅長寫文章的人，他們認為是一個天才，但不能認為他做管理也一定不差。其實，一個人能否成為一個合格的管理人員，與他是否會寫文章是毫無關係的。他必須在分配資源、制定計劃、安排工作、組織控制等方面有專門的技能。但這些技能並不是一個善寫文章的人就一定具備的。

一個合格的管理者，他應該非常瞭解每個僱員的特長，也會盡力把他們安排在最恰當的位置上。但那些不善於管理的人往往忽視這重要的方面，而總是考慮一些雞毛蒜皮的小事，這樣的人註定要失敗。

很多精明能幹的總經理、大主管在辦公室的時間很少，常

常在外旅行或出去打球，但他們公司的業務絲毫不受影響，仍然有條不紊地進行著。他們的管理秘訣只有一條，即他們善於把恰當的工作分配給最恰當的人。

比爾‧蓋茨的企業可謂之「大」，可他卻可以常常「週遊列國」；巴菲特的企業可謂之「大」，可他卻「幾乎每星期都要欣賞兩部以上的電影」。就是這麼一些「清閒」企業家，領導的企業卻紅紅火火。

原因在那裏？──他們抓住了關鍵的 20%。

對經營者來說，放不下權力實行分權而治，就不可能形成真正的法人治理結構。從這個意義上講，80/20 法則就是我們推崇的「有所為，有所不為」。

企業若想實行分權而治，就需要讓一個當家人變成多個當家人，一個積極性變成多個積極性，一條經營管道派生出多條經營管道。把無序領導變為規範指揮：高層只管領導的事，不越級指揮；一個下級只接受一個上級的命令，不多頭管理；按管理跨度原則，使企業內部自上而下的管理命令和自下而上的請示彙報都有明確路線和程序，以防止相互扯皮。

摩托羅拉力求把人才的流失率保持在一個正常的水準，這個比率根據整個行業而定。摩托羅拉認為 8%～10%的人才流失率是很健康、正常的，低於這個比率則公司缺乏新員工的更新，會導致機體缺乏活力。

按照工作業績，摩托羅拉將員工分成最優秀的 20%、中間的 70%、表現欠佳的 10%三類。與其他許多 500 強公司的看法一樣，摩托羅拉信奉「80/20 法則」，即 80%的價值是由 20%的人

創造的，20%的員工起著非常關鍵的作用。摩托羅拉竭力留住的人才就是這部份人。摩托羅拉眾多海外培訓以及升職、加薪的機會都會優先安排給這些員工。

中間的 70%是企業發展的中堅力量，表現一直很穩定。對於最差的 10%，摩托羅拉會逐一做出分析，某些人可能是其工作崗位與之所學或特長不相吻合，通過更換工作職位可以實現他的價值。

但公司每年還是會有一定比率的員工被淘汰掉。摩托羅拉會直言不諱地告訴員工，你在這個公司的發展可能不太適合，最好的方法可能是去另一家公司，會更有前途。而在過去，摩托羅拉從來不會這麼做，大家都好。沒有這種差別性，結果業務表現並不理想，對那些表現突出的員工也無法進行獎勵。如今的做法就傳遞給了員工一個信息：一定要有工作業績。

所以，留住人才的做法就是差異化。20%是一種差異化，培訓也差異化，通過這些做法，員工就把注意力放到了對企業貢獻最大的地方，使他（她）的工作可以使全體人受益。

為能留住優秀的人才，摩托羅拉除了制定合理、有市場競爭力的薪資體系外，公司還為特別重要的員工提供特殊津貼。然而，摩托羅拉認為，要成功留住人才，只靠高薪是不行的。為員工提供有意義的工作、豐富的培訓和發展機會，才是留住人才的關鍵。摩托羅拉大學是公司一個重要的培訓機構，每年向公司員工提供管理和技術培訓課程多達幾十門。摩托羅拉制定的員工學習政策要求所有員工積極利用各種資源，努力建立一個學習型組織。

8

除了老婆和孩子不能變外，都要變

現代企業管理中，企業變化是無止境的，想坐守舊境使企業發達，那是不可能的，特別是面對危機，更要變化多端。企業的變化要重視以下幾點：

1.一定要對比。對比可以在同行中對比，產品對比、企業對比，可以在對比中，借鑑別人的生存方法。對比是無情的，只要站在同一地乎線上，高下立即分出，何不迎頭痛追。

2.決不能盲目樂觀。以為隨便變化或者做一下形式就能解決問題，一種不負責任的應付就會毀了一個企業。

3.變化要有犧牲精神。捨不得孩子套不住狼，如果不做出一點犧牲變化就毫無意義。

關鍵時刻，管理者必須保持冷淨，在危機中沉著應戰：

1910 年，李秉哲出生在韓國漢城的一個殷實之家。李秉哲好讀書，中學畢業後，又赴日本就讀於早稻田大學。

1938 年，28 歲的李秉哲回國，創辦三星商會，從事貿易和釀造業，開始了創業。

李秉哲的創業之路極不平坦，直到 1953 年 7 月 27 日，朝鮮停戰協定簽訂，三星公司才正式走上經營發展的大道。

李秉哲為三星公司制定了三星精神，也就是三星第一：品質第一，事事第一，利潤第一。依靠其三星精神，又經過兩代人的不懈努力，到了 1993 年，三星公司銷售額達到 513 億美元，居世界最大工業公司的第 14 位；利潤額 5.20 億美元，資產額 505.9 億美元，是韓國經營門類最龐大、海外經營最具實力的大工業公司，還擁有韓國所有銀行幾乎一半的股權。

上面為什麼提到 1993 年呢？

因為在 1987 年的時候，李秉哲與世長辭。李健熙出任三星集團會長，45 歲的他決心繼承父親未竟的事業，率領三星人踏上新的征途。

6 年的時間很快就過去了，在李健熙的帶領下，三星公司耀眼奪目。1993 年對於三星公司來說，是改革之年。李健熙提出了一系列改革方案，被人稱之為「三星新經營」。

李健熙在就職宣言中就提出「一定要成為世界超一流的企業」的目標，在平穩地度過了 5 年，完成了新老交替後，他開始為自己的諾言付諸實踐了。

1993 年 2 月 18 日，三星集團電子部門的副總經理以上幹部得到通知：立即到李健熙會長那裏開會。會議名為「電子部門出口商品現場比較與評價會議」。會上，一向沉默寡言的李健熙一反常態，侃侃而談：

「諸位，你們知道我們的商品在這裏是一種什麼處境嗎？到電子商場看一看吧，我們的產品擺在什麼櫃檯上？在每個商店的角落裏，不細心的顧客難以發現的地方！上面落滿了灰塵！」他的聲音有些顫抖了。

手下的人有點不敢與他的目光對視。

「在美國,一支高爾夫球棒賣到 150～250 美元,是我們三星 13 英寸彩電的價格!要知道,我們的彩電是由一千多個零件組成的。一支好的高爾夫球棒在這裏賣 500 美元,而我們 27 英寸的彩電才賣 400 美元。即使如此,我們的產品在這裏仍然灰塵滿面。請問,這樣的產品還能貼上『SAMSUNG』的商標擺在櫃檯嗎?」

他怒吼了。

「如此生產,如此經營……你們意識到問題的嚴重性了嗎?這是對股東,對 18 萬三星人的欺騙!是對韓國國民的褻瀆!」

這次會議整整開了 8 個小時。會後,又用了整整一天時間在現場就世界 78 種產品與三星電子產品逐一進行了比較和分析,從而使三星人切實地認識到其電子產品在世界上所處的位置。

6 月 7 日,李健熙又發表了一個獨特的主張,他明確地要求管理層和員工:

「除了老婆和孩子不能變外,其他一切都要變。」三星公司變革波瀾壯闊。

公司裏任人唯賢,每年都有近百名懷揣 MBA 背景的年輕人被提拔為高級主管。鼓勵創新,尊重員工個性,有才能的員工感受到了快樂的王作。最值得一提的是,李健熙大力將公司建成網路化、扁平式企業,實現內部管理的科學化。在三星公司,決策和實施過程公開、透明,各種信息由下而上,通過網路廣

泛傳遞，管理層和被管理層積極參與，最基層員工都可以直接通過電子郵件向總裁提建議。

三星公司的管理革命讓許多人看不懂了，就送給三星公司一個「最不像韓國企業的企業」稱號。

當亞洲金融危機襲來之時，人們知道了三星公司的未雨綢繆是多麼的明智。

金融危機來臨時，三星公司一開始也陷入了混亂之中，但企業和員工適應能力顯然強於韓國其他企業。如在裁員問題上，三星公司幾乎沒有碰到任何阻力，很多員工平靜地接受了被裁減的事實。1997 至 1999 年的兩年時間裏，三星公司 231 個企業進行了產權調整，多達 1.5 萬名員工變更了隸屬關係，員工總數減少了 32%，從 1997 年的 16.7 萬人減少到 1999 年 11.3 萬人。

李健熙非常感謝離開的那些員工曾經對三星公司的付出。他告誡留下來的人，只有加倍努力，才無愧於那些在三星公司危機的時刻「支援」企業的人。

三星公司在裁員的問題上風平浪靜，讓李健熙更加應對有方，金融危機一發生，他指揮三星公司大量出售存貨，積極回收應收賬款，甚至不惜變賣了 19 億美元的資產，放棄了無線尋呼機、洗碗機等 16 個利潤過低的產品，此舉使三星公司現金收入大增，也使得債務降到了正常的 50%，資產結構明顯改善，三星公司實現了最初的解凍。

這個時候，李健熙更顯大家風範。在危機中沒有廻避危機，而是在危機中對三星公司的產業結構進行大刀闊斧的調整，大

做「減法」，將原來的 65 個公司減少到 40 個，著重發展 4 個核心領域中的 3 個：電子、金融和貿易，其他業務全部被清理。1999 年，三星公司毅然將汽車項目出售給雷諾公司，僅此一項就損失幾十億美元。這在韓國引起不小的轟動，三星公司這種壯士斷臂的舉動充分表明了具專注於核心產業發展的決心。

金融危機前，韓國大集團的排名位置：現代第一，三星第二，大宇第三，LG 第四。現在，四大集團發生明顯分化，其中三星、大宇更是走上了截然不同的兩條道路；三星公司扶搖直上，成爲韓國金融復蘇和經濟振興的典範，而大宇企業卻負債累累，資不抵債，大宇神話一去不復返。

心得欄 _____

_____

_____

_____

_____

_____

9

可以不識字，不可不識人

古往今來，大凡要成就一番事業的領導者，無不深知「一入耳目，思慮難週」的道理，為能求得「賢臣、良將」而煞費苦心。但「千里馬常有，而伯樂不常有」的警世名言，則告訴我們辦人並非易事。白居易在一詩中說：「試玉要燒三日滿，辨材須待七年期。」知人之策莫過於「辦人」。

成功者大都有成功的識人之道。日本經營怪才松下幸之助就是這方面的高手。一次該公司招募一名高級管理人員，經過道道考核，有三人難分仲伯。下屬無奈，把情況報給他，松下聽後，把三名考生找來，親自面試一題：「當國家的利益與本公司的利益發生矛盾時，你們怎麼辦？」第一名考生說：「我將全力維護國家的利益。」松下搖頭，歎道：「我們招收的是公司管理人員，不是國家的公職人員，不能維護公司利益的人，我們不要，你走吧。」第二名考生接著說：「我將全力維護公司的利益。」松下聽後，容顏驟變，責問道：「任何一個人，都必須首先維護國家的利益，否則，又有什麼公司利益可言？不明這個道理的人我們不要。」

於是，他轉而問第三個考生：「你的態度如何？」考生答道：

「如果留我在公司任職，我會努力使公司的利益與國家的利益相一致，儘量避免這類問題的發生。」聽後，松下點頭稱是，自然也就留下了他。短短數語，就解決了選才難題。足見松下「辨人」之深厚功底。

辨人者，大都是仁者見仁。尺子如沒短長，何能衡量長短。要做到善於「辨人」。首先要有求才之心、識才之眼、愛才之德、用才之道、容才之量、護才之膽，其次還要能辨才在前，有「早走三步」之遠見。在識人的問題上，孔明就不如劉備。先用關羽守荊州，關羽亡，荊州失；後以馬謖鎮街亭，街亭丟，馬謖斬，孔明自貶三級。

設若前用趙雲，後用王平，當不致有誤。然諸葛不知乎？非也！其意實在賂強結親之故。關羽是強勢人物，是劉備最信任的人，最重要的職位若不用關羽，怕引起劉備的不滿。日後做事就會有障礙。至於馬謖乃馬良之弟，是孔明心腹，用自己人一是比較放心，二是進一步結納，今後對培植勢力有利。

所以，孔明是站在自己的立場、根據自身處境來用人的，受到很大局限。而劉備乃一國之主，用人以國家利益為重。當然比孔明好辦得多。

在用兵作戰方面，孔明可以稍微放手一點，畢竟他的謀略比關、張等武將高明許多，至少劉備認為是這樣。但如陳壽《三國志》所評：孔明「治戎為長，奇謀為短，理民之幹，優於將略」。所以，後期蜀國的推進很慢，一是劉備的第一推動力已亡，二是一群拼殺大將相繼折損。諸葛無奇謀，最強的魏延則不為所用（不如劉備氣量大），何以成就霸業？

但也並非一無是處。孔明最大的成就是「借」。先借力借勢於東吳而擊敗曹魏，算對吳有貢獻，以此為籌碼「借」得荊州，並以荊州為基礎定成都、進漢中，形成壁壘。

後「安居平五路」，更是借助各敵對方的矛盾和友方威勢，以牽制來犯者而成功。

再借「孔明一生惟謹慎」的個人公眾形象，冒險擺「空城計」，嚇退司馬三十裏。當然，這個故事不是真的。

蜀國對諸葛亮的定位基本錯誤。如漢初三傑，蕭何整軍治國，統籌後勤，有章有序；張良出謀劃策，運籌帷幄，決勝千里；韓信統兵沙場，攻必克、戰必勝，所向無故。而孔明只有蕭何之能，卻欲盡三傑之職，談何容易？

蜀國之勝，在於劉備用人不疑；蜀國之亡，在於分職不明。如孔明治國治軍，龐統、法正為謀，五虎將及魏延等為帥，其成功概率會大得多。

凡用人先識人，不能識人則不會用人。

劉備能識人，至少能用魏延、戒馬謖，高於孔明。但他最大的失誤是錯用孔明，過度借重孔明，令眾星皆暗，在其人為顯赫的耀眼光環下，龐統們恐難以盡其才，急於表現而身死落鳳坡，好比急功近利而失誤者。惜乎！

當年，魏文侯想為自己提拔一位相國，可是當時手頭有兩個人選都不錯，一時不知到底該選那一個。於是他找來謀士李克，對他說：「有句諺語說『家貧思良妻，國亂思良將』，現在我們魏國正是處在『國亂』這個狀態，我迫切需要一位有本事又賢良的相國來輔助我啊。魏成子和翟璜這兩個人都不錯。我

一時也拿不定主意，你說說看他們兩個到底那個強一些？」

　　李克並不直接回答魏文侯的話，卻說：「大王，您下不了決心，是因爲您平時對他們的考察不夠。」魏文侯急忙問：「怎麼考察？有何標準嗎？」李克說：「當然有，我認爲考察一個人的標準應該是：一看他平時親近些什麼人，從他親近的人的品質可以看出他的爲人；二看他富裕了和什麼人做朋友，如果富裕了就擯棄以前窮時結交的朋友，或者巴結富貴人，那此人就不可取；三要看他當官了推薦什麼人，只有真心爲您效力的人才會爲您推薦天下最賢良的人；四看他不做官了，不屑於做那些事情，如果他不做官了，卻還擺做官的架子，接受別人的饋贈，像當官時一樣威風，那他就不是一個忠心的人；五看他貧窮了那些錢他不屑於拿，如果他貧窮了就去拿討來的錢或者偷竊來的錢，那他就不是一個賢德的人。只要您按照這五個標準去衡量他們，就可以做出決定了。」魏文侯聽後說：「好了，您休息去吧，我明白該怎麼做了。」

　　李克拜別魏文侯出來後正好遇見了翟璜，翟璜問道：「聽說大王找你商量誰做相國的事情，決定了沒？」李克說：「決定了，魏成子爲相國。」翟璜氣不過，憤憤地說：「我那裏不如魏成子？大王缺西河太守，我把西門豹推薦給他；大王要攻打中山這個地方，我就推薦了樂羊；大王的兒子沒有師傅。我就推薦了屈侯鮒，結果是：西河大治，中山攻克，王世子品德日增，我爲什麼不能做相國呢？」李克說：「你怎麼能比得上魏成子呢？魏成子的俸祿，百分之九十都用來羅致人才，所以卜子夏、用子方、段千本三人都從國外應募而來。他把這三個人推薦給大王。

大王以師禮相待。而你所推薦的人，不過是魏文侯的臣僕，又怎麼和魏成子相比呢？」翟璜想了半天，慘然失色，說：「您是對的，我的確比不上魏成子。」果然，魏文侯讓魏成子做了相國。

這個故事告訴我們如何選用人才，魏成子為魏文侯推薦的人都是能夠稱得上老師一級的人物，而翟璜推薦的人只能給魏文侯做臣僕，僅在這一點上翟璜就不如魏成子。用李克說的考察人才的五個標準，魏文侯也判斷出翟璜不如魏成子。選擇良相如此，那麼在我們的生活中，選擇朋友、選擇合作者或是挑選人才，同樣可以應用李克所說的五個標準。通過一個人平時親近的人，富貴時所交的朋友，做官時推薦的人，不做官時不屑於做的事情，貧窮時不屑拿的錢，從而看出他的為人，並最終判斷他是否是一個賢德的人。

心得欄 _____

_____

_____

_____

_____

_____

10

最好的管理就是「少管理」

美國通用電氣公司 CEO 傑克·韋爾奇的一個管理原則就是，「管理得少」就是「管理得好」，也就是說企業經營管理者只管自己該管的事。反觀國內的一些企業經營管理者顯然就缺乏了這份自信和這種觀念。

據一份權威的調查分析報告稱：「在企業每一層次上，80%的時間是用在管理上，僅有 20%的時間是用在工作上。」對此，著名經濟學家指出：西方國家企業管理工作中的「管」與「理」，普遍遵照的是 20%：80%的比例，這與企業管理中的「管」與「理」，大多為 80%：20%的比例恰好顛倒。這也是大多數企業缺乏競爭力的原因之一。

習慣於相信自己，放心不下他人，經常粗魯地干預別人的工作過程，這樣就會形成一個怪圈：上司喜歡從頭管到腳，越管越變得事必躬親，獨斷專行，疑神疑鬼；同時，部下就越來越束手束腳，養成依賴、從眾和封閉的習慣，不僅會把最為寶貴的主動性和創造性丟得一乾二淨，而且會嚴重挫傷員工的自尊心和歸宿感。時間長了，企業就會得弱智病。相反，如果管理者能夠和員工之間建立起良好的信任關係，並能夠形成有效

的授權和責任機制，那麼，無疑會增加員工的使命感和工作動力，從而能夠促進公司業績的穩步發展。

國內不少企業都有一整套規章制度，也不缺乏良好的指揮流程。但如果管理者將太多的精力和熱情傾注到「管」上，指揮、指揮、再指揮，成了他們的信條，沉溺其中，樂此不疲，回頭卻發現，原本很簡單的事情卻莫名其妙地變得很複雜，工作沒有進展甚至更加遠離目標，部門之間互相推諉扯皮，制度和流程也成了擺設。

要「管得少」，又要「管理住」，就必須進行合理的委任與授權。事必躬親導致的結果一是效率低下，二是團隊失去工作積極性。因此必須通過合理授權，使團隊成員有充分發揮能力的平臺。在必要的指導和監督下，用人不疑，疑人不用，賦予下屬相應的責權利，鼓勵其獨立完成工作。

心得欄

11

要與下屬保持「臨界距離」

孔子說:「臨之以莊,則敬。」意思是說,主管不要和下屬過分親密,要保持一定距離,給下屬一個莊重的面孔,這樣就可以獲得他們的尊敬。

與下屬保持一定距離,是一種獨到的用人方法。首先,可以避免下屬之間的嫉妒和緊張。如果主管與某些下屬過分親近。勢必在下屬之間引起嫉妒、緊張的情緒。人們會說:「真是三日不見,當刮目相看。沒想到他和李廠長靠上了,你們知道嗎?他二天兩頭往李家跑,李廠長也是他家的常客。他們像一個人似的!」他準是瞄上那個『肥缺』了,癩蛤蟆想吃天鵝肉!」這是嫉妒。同時,與這個上級發生過糾葛的人們則空前緊張起來,惟恐「竈王爺上天,不言好事」,整日裏察顏觀色,搜集「動向」,「如臨深淵」,「如履薄冰」,這是緊張。可見,在不知不覺之間領導已經人為地造成了不安定的因素。

與下屬保持一定距離,不有意地親近那個人,就可以免去這些麻煩。

其次,與下屬保持一定距離,可以減少下屬對自己的恭維、奉承、送禮行賄等事情。上級過分親近某些下屬,這些下屬會

因為受寵而「感恩」：既然上級和自己的關係非同一般，那麼自己也應對得起上級。因此，請吃請喝、送禮行賄、阿諛奉承等事情相繼發生了。這是當今社會不正之風的原因之一。

再次，與下屬過分親近，可能使上級對自己所喜歡的下屬的認識，失之公正。因為感情相投，發生「成見效應」，認為他在能力上也是可以信得過的。在使用時，導致小才大用、無才也用、因人設事、因人設「廳」，干擾適才適所的用人原則。因此，杜拉克說：「為了確保能夠選用適當的人選，他們（領導者）與直接的僚屬要保持適當的距離。」

與下屬保持一定的距離，可以樹立、保證上級的權威。「近則庸，疏則威。」

我們說與下屬保持一定距離，絕不是要主管拒群眾於千里之外，整天在辦公室裏閉門造車。主管必須聯繫群眾，與群眾保持血肉聯繫。但這絕不意味著把自己的「細枝末節」，甚至每一個毛孔都讓下屬看個明白。經常聽到人們這樣說：「他不像個當官兒的樣！」

如果想有效地發揮領導力，可以有意識地利用私人空間控制下屬。比如，給下屬下達任務時不要用隔著桌子大聲喊叫的方式，而是將其喚至自己的面前，讓他進入自己的私人空間，然後再做具體指示。這時下屬就會有一種強烈的被支配感。

但是，如果距離太近，也可能會產生負作用。據說馬戲團裏的馴獸者在馴服獅子時就要始終保持不近不遠的距離，才能隨心所欲地馴化。如果距離太遠，獅子會蔑視馴獸者的存在，但如果太近，就會使獅子覺得受到侵犯而反過來攻擊人。

行為學裏將這種剛好可以避免獅子攻擊的距離稱為「臨界距離」。要想讓下屬像獅子一樣聽任自己的支配，就應該事先掌握好臨界距離，以使對方能強烈地感受到你的存在。在下達指示時，時刻注意保持這種距離，這樣就可以提高對下屬的強制力。

心理學中把對某個特定人物的意識程度稱為「覺察度」，利用臨界距離使對方的覺察度達到極限，對方的緊張度和忠誠度也就達到極限。

心得欄

12

總經理要能控制自己的態度

如果你對自己失去了控制力，你就會失敗。

一個營業額每年都以 20%速度遞增的商場總經理曾對我說：「我們聘任的部門經理不是看他的文憑，而是態度。我們公司最好的口號是：「我們之所以微笑，是出於自願，而不是出於被迫。」

的確，那些追求領導地位的人首先要控制他們的態度，他們之所以這樣做，是因為：第一，這是他們的志向；第二，他們知道工作要求他們必須這樣做。

在生活中，你能控制的東西太少了。你控制不了政治環境，控制不了經濟形勢，控制不了你的上級領導或者其他人！但幸運的是，自己的態度是你能夠控制的。

你在事業上和生活中的成就主要取決於你的態度，而不是你的學歷或能力。如果你現在還沒有明白的話，你將來是會明白的：你是靠你的性格造就你自己的。如果你控制不了你的態度，別人就會控制你。事實上只有那些能夠控制自己態度的人才能避免被他人控制。

在一次商務洽談時，碰巧坐在三個談生意的人的旁邊。一

個看樣子是下屬人員，他當著客戶的面，總是滔滔不絕，並搶在上司之前作出了決定，那位上司沒有說任何反駁的話。客戶走了幾分鐘以後，那個上司模樣的人對他的部下說：「下不為例，你的做法我是不能接受的，這回我對你的行動沒有干預，下回可不行。」那個老闆控制了他的情緒。

有一次，飛往法蘭克福的飛機上，一個乘務員在給乘客倒咖啡時，由於一位乘客在過道上開箱子，碰了乘務員的胳膊，將咖啡不慎灑在了同團的一位企業領導的西服上。乘務員不好意思地連忙道歉，但這位經理卻平和地說：「沒關係。」事後問這位經理是怎樣控制態度的？他說：「控制態度的辦法是緩和憤怒的情緒，事情已經發生了，那就反覆多考慮一下，而不要衝動行事。」這並不複雜，然而，很少有人能夠一貫地做到這一點。

態度是通過你的面部表情、語音語調、姿態、握手等來表達的。隨時隨地你同任何人接觸，都會表達出你的情緒。戲劇技巧可以幫助你控制壞態度的流露，不過，在一般情況下，你的情緒總是會表露出來的。

1.提醒你自己控制住自己的態度。

2.選擇的態度要最適合當時的情況和所涉及的人。

3.要把這種態度堅持下去，即使你不喜歡這樣做。

4.只有當你有此必要和願望時，才改變態度。

5.通過你身心兩方面的行為，始終意識到並控制你的心理平衡。

你的地位越高，控制你的情緒就越重要。同事、領導、下

屬和客戶每天都在考驗你。他們觀察、研究你的態度，往往把他們的態度同你的態度作比較。通過控制你的情緒，不僅可以影響到你的工作，而且還可以影響到別人的工作。

所謂控制你的態度，就是選擇一個適應當時情況的情緒。比較完美的領導並不總是情緒很好，但這並不意味著他們會隨便流露自己的壞情緒。他們接受這樣一種事實：一個單位的人都是注視著領導人的行為來決定自己的言行，往往是看著領導人的臉色行事。他們不能隨便用壞情緒來傷害別人，因為在這方面，他們要對員工負責。

需要重申的是，所謂控制你的態度，並不一定意味著，你總是利用你的積極態度。這只是說，要麼選擇你的好態度，要麼讓你的性格隨便決定它。但是，如果你對如何處置某種具體情況拿不準的話，那麼，你選擇積極的態度，肯定是不會錯的。永固投資有限公司的總經理說：「樂觀豁達是商界大多數成功的人的一個佔主導地位的素質，而消極的、脾氣不好的人是很少獲得成功的。」

一個比較完美的企業領導者必須能夠客觀地看待自己和自己的感情，認識到他的態度對於當時被他管理的人究竟是否有效。好的領導者往往使自己暫時離開可能對下屬產生不良影響的環境，等待能夠控制自己的情緒時，再回去。再不然，他們為了公司的利益而強作歡笑。你大概已經聽到過這樣的話吧：寧可裝作好態度，也比流露壞態度好。

請注意，放棄對態度的控制要比維持這種控制要容易得多。毀掉你自己、他人和他們的工作，這是一種放縱行為。如

果你認為你現在已經達到了一定的地位，甚至是單位的「一把手」了，你就可以例外，不必再關心和控制自己的態度了，那你就錯了。每一個「登山者」都必須控制他的或她的態度。

還要再提醒你：如果你不控制你的態度，別人就可以很容易地控制你。不管你在一個單位處於何種地位，你都不能讓這種局面出現。

心得欄 _____

_____

_____

_____

_____

_____

13
學會「喜怒不形於色」

「喜怒不形於色」是幾乎所有總經理孜孜以求的目標，它給人的感覺是穩重而老練，辦事令人放心。不但領導會把重任交付於你，同事們也會很欣賞你，願意與你交往，喜歡和你談論一些「小秘密」。相反，那些意氣用事，動不動就喜形於色，怒現於臉的人，給人的感覺是毛毛躁躁，人們也不喜歡與這樣的人交往。

三國中具有「喜怒不形於色」修養的人，還有曹操的夫人卞後。

當曹丕被立爲太子後，王宮左右女官齊向卞夫人致賀說：「你兒子被封爲太子，天下人都很高興，夫人應該把庫房裏的東西，全拿出賞賜。」卞夫人說：「大王只因曹丕年紀最大，所以定爲合法繼承人，我只能慶倖自己免除了教導無方的責備，又有什麼值得高興的呢？女官回來向曹操報告，曹操愉快地說：「怒時不形於臉色，喜時不忘記節制，最是難得。」

相反，曹丕聽到自己被立爲太子的消息後，高興得抱住儀郎辛毗的脖子，叫喊：「辛君，你知不知道我有多高興？」爲此，辛毗的女兒辛憲英評論說：「太子的責任是管理國家，替代君

王,應該感到責任重大,治理困難才對,他反而大喜若狂,如何能夠長久呢?」後來事情的發展果真如辛憲英所預料。

卞夫人喜不外露,受天下景仰;曹太子喜形於色,受人鄙視。這一正一反,恰好證明了「喜怒不形於色」不僅是一種涵養功夫,同時,通過喜怒是否形於色,還可以考察一個人處事是否成熟沉穩,是否能做大事。

東晉宰相謝安又是一位值得稱道的修身謀略家。有一天前秦王符堅率兵九十餘萬進攻東晉,東晉朝野大爲震恐,人心惶惶。只有謝安處之泰然,若無其事。他推薦謝石、謝玄率軍八萬去抗擊秦軍。

謝玄去他那請示如何作戰,謝安回答說:「自有良策」。謝玄等了半天,也不見下文,不敢再問,只好讓別人去問,但謝安仍不回答,竟獨自駕車出遊,並命謝玄同他在別墅裏下棋。謝玄的棋原比謝安高一著,這時因心中有事,竟與謝安相持不下,最後輸給了謝安。終局後,謝安獨自遊涉,到了半夜才回來。經過冷靜思索,回府後連夜發號施令,向各位將帥面授機宜。結果,泌水一戰,晉軍以少勝多。

捷報傳到謝安處,謝安正與客人在下棋,看了捷報後毫無表情。客人問他:「戰況如何?」他談談地回答:「我方已經取得勝利。」

謝安能夠做到宰相,沒有這種「喜怒不形於色」的涵養功夫恐怕是難以勝任的。要培養自己的個性修養,最難的就是控制自己的感情,如果一旦感情用事,往往因小失大,導致事業的失敗。

「喜怒不形於色」的修身謀略，它的妙用當然絕不僅僅只是避禍消災、受人尊崇這麼簡單。它是一個人心理成熟的最高標誌，只有這樣，人才能善於抑制感情衝動及保持清醒的頭腦、縝密的思考和明晰的理智，才能不受外界事物的困擾和左右，達到「寧靜致遠」的境界。

心得欄

_____

_____

_____

_____

_____

_____

14

眼界決定價值取向

有一位非洲的酋長去英倫三島觀光。回來後，別人問那裏的情形。酋長想了想，回答：「英國的人都說英語，連小孩子也在說。」

酋長說的並沒有錯，他所注意的只是這些，其他的或許忽略了。

這就是眼界。

正像鷹即使高翔萬里，看到的只是地上的兔子，而金龜子眼裏只有草原上的糞球。

眼界決定了價值取向。

站得高，看得遠，是民間對於豪傑人物的讚譽。事實上，豪傑人物即使逼仄於別人的屋簷之下，心胸照樣懷抱天下。劉備種菜的時候，不是被曹丞相窺破了英雄真相嗎？

唐朝楊巨源《城東早春》詩寫道：「詩家清景在新春，綠柳才黃半未勻。若待上林花似錦，出門俱是看花人。」明末清初人王相評注道：「此詩屬比喻之體。言宰相求賢助國，識拔賢才當在側微卑陋之中，如初春柳色才黃而未勻也。若待其人功業顯著，則人皆知之，如上林之花。似錦燦爛，誰不愛玩而羨慕

之？比喻為君相者，當識才於未遇，而拔之於卑賤之時也。」
這段評註給人這樣的啓示：識才，不僅要看到那些鋒芒畢露者，
更要注意尋找那些暫時默默無聞和表面上平淡無奇，而實則很
有才華和發展前途者。

作為總經理，理智地認識下屬，對每位下屬的特點了然於
心，才有可能做到不出現大的用人失誤。

當然，總經理對每一名職員都很瞭解，有點不大可能，但
起碼要做到對高、中級管理人員要非常熟悉。同時總經理還應
要求手下的高、中級管理人員對下屬多加瞭解。

有時即使和下屬相處了五、六年之久，你也會突然發覺竟
然不識對方的真面目，尤其是自己的下屬對工作有怎樣的想
法，或者想做什麼，這些恐怕你都不甚清楚吧！所以如果說一
個總經理對他的下屬未能做到充分瞭解並不是很意外的事。

重要的是，不要忘記提醒自己對下屬「毫無所知」，保持這
樣一種心態，才能不忘處處觀察下屬的言行舉止，這才是瞭解
下屬的最佳捷徑。

15

知人知面，更要知心

畫虎畫皮難畫骨，知人知面難知心。自古以來，人們就感歎識人之難。今天，儘管神秘的 X 射線已能透過人的心肺，鐳射已能洞穿人的大腦，但對於人的心靈世界，人們仍然感到無能為力。

用人在於知人，用人務必要考其德之善者。唐代魏徵說：「今欲求人，必須審訪其行。若知其善，然後用之。設令此人不能濟事，只是才力不及，不為大害。誤用惡人，假令強幹，為害極大。」諸葛亮也強調用人重在德行，他說：「夫治國猶於治身，治身之道，務在養神，治國之道，務在舉賢，是以養神求生，舉賢求安。」諸葛亮總結東漢和西漢興亡的經驗和教訓時指出：「親賢臣，遠小人，此先漢所以興隆也；親小人，遠賢臣，此後漢所以傾頹也。」

宋代司馬光也十分強調「德」的重要性，他指出：「德者，才之帥也。自古昔以來，國之亂臣，家之敗子，才有餘而德不足，以至於顛覆者多矣。」「才德全盡謂之聖人，才德兼亡謂之愚人，德勝才謂之君子，才勝德謂之小人。凡取人之術，苟不得聖人、君子而與之，與其得小人，不若得愚人。」這段話一

直引爲後世帝王的取人用人之術。

春秋末年，晉國中行文子被迫流亡在外，有一次，經過一座界城時，他的隨從提醒他道：「主公，這裏的官吏是您的老友，爲什麼不在這裏休息一下，等候著後面的車子呢？」中行文子答道：「不錯，從前此人待我很好。我有段時間喜歡音樂，他就送給我一把鳴琴；後來我又喜歡佩飾，他又送給我一些玉環。這是投我所好，以求我能夠接納他，而現在我擔心他要出賣我去討好敵人了。所以我必須很快地就離去。」果然，不久，這個官吏就派人扣押了中行文子後面的兩輛車子，而獻給了晉王。

在普通的人當中，有中行文子這般洞明世事的人並不多見。

中行文子在落難之時，能夠推斷出「老友」的出賣，避免了被其落井下石的災難。這可以讓我們得到如下啓示：當某朋友對你，尤其你正處高位時，刻意投你所好，那他多半是因你的地位而結交，而不是看中你這個人本身。這類朋友很難在你危難之中施以援手。

話又說回來，通過逆境來檢驗人心，儘管代價高、時日長，又過於被動，然而其可靠程度卻大於依推理所下的結論。因此我們說：倒楣之時測度人心不失爲一種穩妥的方法。

「橫看成嶺側成峰，遠近高低各不同。」這是宋代文學家蘇軾描寫廬山西林壁的千古絕句，由於各人的觀察角度和立足點不同，西林壁映入眼簾的形象也千姿百態。觀山如此，看人也如此。

魏文侯手下有員將領叫樂羊。有一次樂羊領兵去攻打中山國。這時，恰恰樂羊的兒子正在中山國。中山國王就把他兒子

給煮了，還派人給樂羊送來一盆人肉湯。樂羊悲憤已極但他竟然喝乾了一杯用兒子的肉煮成的湯。

魏文侯知道後，對堵師贊誇獎說：「樂羊為了我，吃下他親生兒子的肉，可見，他對我是何等的忠誠啊！」堵師贊回答說：「一個人連兒子的肉都敢吃，那麼，這世上還有誰他不敢吃呢？」

樂羊打敗了中山國，凱旋歸來時。魏文侯獎賞了他的功勞。但是，從這開始，總是時時懷疑他對自己的忠心。

魏文侯這樣做不無道理，樂羊的自製力過於嚇人。非老謀深算之人不能為之。堵師贊的說法更有道理，因為一個人的行動可以以小見大，有著驚人的內在一致性。

日本曾有這樣一個傳說，永祿時期，力量最雄厚的是北條氏康，他稱霸於關東地方。有一次，北條氏康在戰場上同長子氏政一起吃飯，可以想像戰時的飯食是很簡單的，只有米飯、湯。然而，氏政吃著吃著又往飯里加了一碗湯。此事北條氏康看在眼裏，記在心上。他馬上產生了聯想，為什麼氏政連自己飯量有多大都沒有數呢？從吃飯吃到一半時又泡一碗湯看來。至少可以認為氏政是個沒有多少遠見的人。北條氏康的擔心，日後不幸變成了事實。30年後，氏政終於因為缺乏遠見，被豐臣秀吉的大軍圍困，同弟弟氏照悲慘地戰死了。稱雄一時的北條氏從此日趨滅亡。

總經理與不同性格的下屬打交道，一定要摸準其特點、能力，才能因人而用。

16

沒有人才是最大的危機

　　大大小小的企業都有這樣的困惑：班子不好帶，員工不好管，聽話的不能幹，能幹的不聽話。一言以蔽之，就是在管好人、用好人這個問題上沒有好的解決辦法。相信很多公司都有這樣的情況：老闆工作非常辛苦。成天忙著跑業務、抓單子，公司裏的員工則坐在環境舒適的辦公室裏。把公司當網吧，反正上班事也不多。每當老總從外面風塵僕僕地歸來，全體員工均熱情地招呼：老總好！老總臉上喜笑顏開。仿佛一切的疲憊都在一聲聲熱情而畢恭中敬的呼喚中煙消雲散了。

　　一家公司的老闆這樣形容他跟員工的關係：老闆就像司機。既是目標和路線的制定者，也是執行者。他不僅要看清車上的各種儀器，瞭解車子本身的各種狀況，還要看清道路和方向，瞭解路況以及交通狀況，瞭解各種交通法規，看清紅綠燈，還要為車子本身及全車人的生命安全捏一把汗。員工就像是乘客，一上車就找個位子舒舒服服地坐下。有時還要抱怨車子不太好，路也不太平直，有點顛簸，甚至還吵著要聽音樂。

　　現在很多的企業老闆都說自己太累。大的業務要自己聯繫，大客戶要自己去跑，自己成了為公司創效益最多的人。內

部管理只能交給自己信任的人去做，但他們往往又得不到足夠的授權，大事不能做主，即使做主自己也不敢和不願承擔責任。

很多公司看來是在贏利，但深入考察，卻發現這些企業有很大的危機。原因在於老總往往親自跑關係、抓業務、抓管理，成了個全才，自己一琢磨卻發現不僅後繼無人，而且找不著合適的人來分擔責任。這些企業老闆往往個人能力很強，或者社會關係很廣，卻不願授權。他們或者對下屬的能力不放心，或者覺得下屬忠誠度不夠，更擔心下屬成長起來後，另立門戶，成為自己的競爭對手。企業經營者或總經理有這樣那樣的煩惱，卻難以下決心改變現狀，或者不知道如何入手。一些企業給員工開出的工資不高，表面看起來企業的人工成本很低，但員工普遍缺乏安全感，忠誠度不夠，因此員工流失很嚴重。

員工在這樣的工作環境中，不僅覺得管理很不正規，而且自己的能力也不會有多大的發揮，更談不上有多少提高。很多人往往工作一段時間後，感覺自己再也學不到新東西了，升遷的希望也很渺茫，只有選擇離開。總攬大權的企業老闆讓員工覺得自己的才能沒有被重視，一般又不願給員工提供培訓機會，員工的知識能力也沒有機會更新和提高，長期這樣下去，有上進心的員工很難安於現狀。

一家企業總是在招人，這說明什麼？企業的人員流失率很高。這說明什麼？當然就更不用說那種長期只僱用試用員工的企業，這些企業帶有一定的欺騙性質，它只願給員工開試用期的工資，一旦員工試用期滿就把他開掉。正直的企業和企業家是不會做這種事的。

17

每個人都有好的一面

一神父要完成主教分配的 1000 本《聖經》銷售任務。他認真分析了自己的任務，覺得自己只能完成 300 本的銷售量，於是他決定找幾個能幹的小男孩賣掉剩下的 700 本。神父對於「能幹」是這樣理解的：口齒伶俐。於是按照這樣的標準，神父找到了兩個小男孩，這兩個男孩都認爲自己可以輕鬆賣掉 300 本《聖經》。可即使這樣還有 100 本沒有著落。於是第三個小男孩找到了，給他的任務是儘量賣掉 100 本，因爲第三個男孩口吃很厲害。

在神父看來，不出兩天那兩個善於言辭的小男孩就會賣光《聖經》。5 天過去了，那兩個小男孩回來了，告訴神父情況很糟糕，他們只賣了 200 本。神父覺得不可思議。正在發愁的時候那個口吃的小男孩也回來了，他沒有剩下一本《聖經》，而且帶來了一個令神父激動不已的消息，他的一個顧客願意買他剩下的所有《聖經》。

神父迷惑了。被自己看好的兩個小男孩讓自己失望，而當初根本不當回事的小結巴卻成了自己的福星。

神父問小男孩：「你講話都結結巴巴的，怎麼會這麼順利就

賣掉我所有的《聖經》呢？」小男孩答道:「我－我－跟－見到的－所有－人－說，如－果不－買，－我就－念《聖經》給他們－聽。」

幫助小男孩賣完「剩經」的最有利的條件是什麼？正是因為他的口吃。小男孩知道自己的劣勢就是口吃，所以他順勢將自己的劣勢轉化成「優勢」，顧客們都很害怕聽見一個口吃厲害的人讀上一段《聖經》，於是他的《聖經》賣得精光。而且在賣《聖經》的過程中，有位顧客爲小結巴的精神打動，所以打算幫助他，買下所有剩下的《聖經》。

這個故事的寓意就是，有的時候劣勢不一定致命，如果引導得好也許就是優勢。

而這個故事對於擇人來講也頗有寓意，即人的某些優點有時存在著假像，而劣勢只要引導得當，完全有變成優勢的可能。

總經理總是期望銷售人員能夠滔滔不絕，好似《鹿鼎記》中的章小寶，能把蘑菇涮成靈芝，那嫻熟的指鹿爲馬功夫正是他們眼中的銷售利器。於是種種假像出現了，一些口若懸河的銷售人員並沒有使企業的銷售最大化，一些天衣無縫的計劃也沒有使公司完成既定目標，策劃力沒有執行力支持最終還是難以如願。

一天，莊子和他的學生在山上看見山中有一棵參天古木因爲高大無用而免遭於砍伐，於是莊子感歎說:「這棵樹恰好因爲它不成材而能享有天年。」

晚上，莊子和他的學生又到他的一位朋友的家中做客。主人殷勤好客，便吩咐家裏的僕人說:「家裏有兩隻雁，一隻會叫，

一隻不會叫，將那一隻不會叫的雁殺了來招待我們的客人。」

莊子的學生聽了很疑惑。向莊子問道：「老師，山裏的巨木因爲無用而保存了下來。家裏養的雁卻因不會叫而喪失性命，我們該採取什麼樣的態度來對待這繁雜無序的社會呢？」

莊子回答說：「還是選擇有用和無用之間吧，雖然這之間的分寸太難掌握了，而且也不符合人生的規律，但已經可以避免許多爭端而足以應付人世了。」

世間並沒有一成不變的準則。面對不同的事物，我們需要不同的評判標準。對於人才的管理尤其明顯，一個對其他企業相當有用的人對自己來說不一定有用，而把一個看似無用的人擺正地方也許就能爲你創造出你意想不到的收益。

組織一支強而有力的團隊，是領導者的第一要務，因此，如何延攬優秀人才，便成爲重要的課題。優秀人才的發掘絕非易事，領導者必須克服萬難，以科學的方式精挑細選。

「只有無能的領導，沒有無用的群眾」，這句話告訴各級領導者，人才是有的，就生活在我們的週圍，只是因爲人們的各種偏見，對人才視而不見罷了。在現實生活中，人才比比皆是，但沒有缺點的完人是不存在的。只要根據實際情況，採取正確的方式和手段，大量的人才就一定會脫穎而出。

18

想摘桃，先栽樹

　　為了培養企業的管理人才，發展他們的管理技能，使管理人員能適應不斷變化的環境和勝任工作，世界著名的跨國公司大多設立了專門的培訓機構，為他們提供教育和培訓。近幾年來教育的內容和規模都有擴大的趨勢，開設的課程既有專門發展個人能力和增加知識面的內容，也有提高相互溝通和共同工作的交際技巧的內容，還有企業文化以及國際經營方面的內容。

　　目前在美國已有 1200 多家跨國公司開辦了管理學院。通用電氣公司為了強化管理人才的選拔和培養，在公司內建有一座經營開發研究所，公司每年向研究所撥款約 10 億美元，每年在這裏接受培訓的人約有 6 萬人之多，大多是公司的各級管理人員。教員 50%以上為本公司的高級經理，韋爾奇親自制定研修計劃和授課，培養有預見性的經營戰略人才。IBM 公司的創始人沃森認為：高級管理部門應該把 40%～50%的時間用在教育和鼓勵職工方面。為了選拔有希望的年輕人，公司還設有一種提拔高層領導助理的培訓班，為了培養那些具有擔任高級職務才能的人員，公司設立了「部門經理培訓計劃」，IBM 的高層經理人員都要參加聯邦政府機構組織的由布魯金斯學院舉辦的經理

研究班。

　　IBM 公司有目的地組織管理人員研究有關國家的經濟、政策、商業活動。使管理人員掌握在多文化環境中處理人際關係開展工作的能力，公司高層部門經理都要參加跨國公司的培訓課程學習。很多著名跨國公司選派資深經理人員作為較年輕的管理人員的導師。在 IBM 公司，當年輕的管理人員被任命負責新的工作時，導師往往要擔當特別重要的角色。

　　著名跨國公司十分重視在東道國的子公司或分支機構開展培訓工作。一些跨國公司紛紛興辦培訓中心和管理學院，如愛立信、西門子、摩托羅拉等明星企業均投資幾百萬美元建立管理學院或與一些知名院校合作，致力於管理培訓工作。

　　一個人最終成為優秀的管理者需要有一個長期的知識積累和社會實踐過程。很多著名跨國公司對選拔的管理人才安排做一些能開闊視野的實踐工作，增強他們的管理能力和自信心。在許多歐美跨國公司中，有潛力的管理人員通常被放在「快車道」上成長。大眾汽車公司對每年到企業工作的大學生進行人才鑑定，從中選拔大約 30%的人作為重點培養對象。讓這些培養對象在 3～5 年內，用 10～18 個月時間輪流到公司的各重要業務部門和某一分廠工作，每單位工作 2～3 個月不等，輪換期間，公司要為他們舉辦大眾歷史、產品開發、發展戰略等各種專題研討班，有的派往國外學習。在此基礎上，由工廠管理委員會、被考核人的上級主管和培訓教師組成考核小組進行嚴格的考核，主要考核領導能力、決策能力、創新能力、交際能力。日立、三井每年都選派數名特別有發展潛力的經理人員到企業

總部去鍛鍊，分別擔任董事長或正副經理的助手，使他們的經營視野擴大到公司的全局層次上，同時也爲資深經理評估年輕經理提供機會。韓國三星公司每一個部門都定期把最有希望的管理人員派到公司總部工作多年。松下公司派遣年輕的日本管理人員到海外機構獲取全球經驗，並推廣公司的管理方法和技術標準。

心得欄 ----------------------------

19

是用人成事，還是自己為之

　　福特汽車公司是世界上一家大名鼎鼎的公司，該公司有個顯著特點：非常器重人才。一次，公司的一台馬達發生故障，怎麼也修不好，只好請一個名叫斯坦曼的人來修。這個人繞著馬達看了一會兒，指著電機的某處說：「這兒的線圈多了 16 圈。」果然，把 16 圈線去掉後，電機馬上運轉正常。福特見此，便邀請斯坦曼到自己公司來。斯坦曼說原來的公司對他很好，他不能來。福特馬上說：「我把你那家公司買過來，你就可以來工作。」

　　福特為了得到一個人才，竟不惜買下一個公司！他求才若渴的舉動不難理解，因市場競爭歸根到底就是人才的競爭——設備需要人才去操作，產品需要人才去開發，市場需要人才去開拓。人才意味著高效率、高效益，意味著企業的興旺發達。沒有人才，即使硬體再好，設備再先進，企業也難以支撐。

　　反觀我們某些企業對待人才的態度令人憂慮。這些企業往往只有遇到很大困難，火燒眉毛時才想到人才，平時則把人才晾到一邊，在工作上，也不積極創造條件，甚至故意刁難，使他們的才能無法發揮。結果，該享受的待遇不能享受，該得到的利益不能得到，讓人才傷透了心，紛紛尋思跳槽，留下來的

也是「做一天和尚撞一天鐘」。這不僅僅是人才個人的悲哀，更是企業之不幸。公司不分大小，人員不在多少，只要善於發揮人才的智慧，把各種各樣的人用好，人盡其才，各盡其能，你的事業便可望興旺發達，使你盡享成功的樂趣。不善用人者，往往只憑一腔熱情，卻沒有精明的識人眼光和過硬的用人手段，手下人必魚目混珠，得過且過。

招攬人才，一統天下的領袖無疑都深諳用人的技巧。

除了封建王朝的太子外，世界上沒有人一生下來就能一統天下，因此如果他們中有人想擁有天下，而最終又成就了一代偉業，無一不靠白手起家。漢代的開國皇帝劉邦，出身低賤，起兵反對秦朝的時候，不過是一個普通亭長（亭長負責地方的治安，其官職大致相當於今天的派出所所長），但是劉邦善於容眾之長，儘管他本人的能力不大，卻在張良、蕭何、韓信等人的幫助下，打敗了項羽，建立了西漢王朝。

漢高祖劉邦有一次問大將韓信：「如果我親自領兵，你看我能帶多少兵？」

韓信答：「陛下最多率領十萬大軍。」

「那麼，你能帶多少兵呢？」

「我是越多越好。」

於是劉邦又問：「那像你這樣能幹的人，又為什麼要做我的部下呢？」

韓信回答：「因為陛下不是兵士的長官，而是將軍的長官。」

這個故事告訴我們，當總經理、當老闆的人，自己的各種才能不一定能勝過部下。但他有一個特殊才能，就是有辦法去

運用、發揮、激發部下的才能,他也有胸懷容納比自己強的人。

劉邦就曾說過:「我的智謀比不上張良,管理比不上蕭何,指揮軍隊更比不上韓信。但我能得到這三位人才的輔佐,所以我得到了天下。」

然而有些人卻沒有劉邦這樣的自知之明。他們常常高估自己的能力,甚至心懷妒忌,如笑話中講的:武大郎開店——個兒比他高的一個都不要。這樣,他只能辦一個「侏儒酒店」。

宋代歐陽修在《文正範公神道碑銘序》中說:「任人各以其材而百職修。」用人能夠量材使用,發揮個人專長,那麼各種職位的工作都能做好。

歐陽修說:「善用人者必使有材者竭其力,有識者竭其謀。」善於用人的管理大師必然能夠讓有才能的人竭力發揮他們的才能,讓有見解的人竭盡發揮他們的智謀。

真正的用人大師,真正的將才、帥才,必須要有寬廣的胸懷,不但要為下屬創造用武之地,更要為下屬的成功提供一切條件。中國漢代劉向曾有言:「騏驥雖疾,不遇伯樂,不致千里。」意即千里馬需要伯樂慧眼識珠,人才需要用人大師以寬博的胸懷與果斷的決策去擁抱!所以《三國演義》中道:「馬遇伯樂而嘶,人遇知己而死。」試想,當你以用人大師的胸懷擁抱了人才,他們的激情與忠誠會為你創造多少價值!

宋人蘇轍在《歷代論・漢光武上》中寫道:「知人而善用之,若己有焉。」

知人善任,若己有焉。意思是說,發現人才並善於使用,那麼別人的才能就等於被自己擁有!

20

強兵頭前無弱將

在這個群策群力的時代，英明領導者的神話正在破滅之中。優秀團隊的重要性可能遠超過優秀的領導人，因此，俗語所說的「強將手下無弱兵」應該改成「強兵頭前無弱將」。

在「強將手下無弱兵」的邏輯下，「將」是主體。「兵」則是用來襯托「將」的優秀，總經理的主要工作之一是「拉引」他「手下」的部屬，使他的部屬成為幹練之士。但在「強兵頭前無弱將」的邏輯下，兵是主體，「將」是用來襯托「兵」的優秀，部屬的主要工作之一是「推擠」他「頭前」的領導者，使他的領導者能夠以水到渠成之勢成為卓越的領導者。另外，「手下」這個名詞含有上下的階層觀念，「頭前」則只是前後次序有別，並沒有階層的差別。

真正優秀的「將」應該做到老子所說的「無為而治」，「無為而治」可以無所不為。但一般人一想到「強將」這個字眼，絕不會想到無為的將。「強將」給人的聯想，不但要有為，而且必須有強勢的作為，因此，在「強將手下無弱兵」的邏輯下，總經理極有可能既勞心又勞力。然而，在「強兵頭前無弱將」的概念下，為將者並不需要強出頭，他所需要的只是讓兵儘量

發揮才能。由於他把領導權下放給部屬，心胸開放而無成見與偏執，如此，他才可能從無為昇華到無所不為的境界。

國外的長青企業證明，企業之所以能夠長青不墜，並不在於有偉大的領袖，而在於有源源不絕的優秀員工。現代企業不僅僅是消極的「無弱兵」而已，更要積極地坐擁「強兵」。所謂不弱的兵是指具有良好執行能力的員工；而強兵則應該具有「單兵作戰」的能力。強兵不能只是被動地接受將的領導，而是能夠主動地面對挑戰、承擔責任；當領導者有所偏失時，他要能勇於表達自己的看法。所以，面對多變詭譎的環境，強兵的重要性可說是與日俱增。

在以中小企業為主體的企業社會中，由於企業的規模小、彈性大，成功的企業主通常都是霸氣十足、開拓江山的強將，他們的確也帶有一批實力不弱的手下。但是，這些實力不弱的手下，常常會在羽翼豐滿之後，另行創業，其主要原因之一是強將過強，不弱的兵所能發揮的空間受到限制。如果這些企業要成功轉型成為大中型企業，企業主必須一改自己強勢的霸氣，擴大部屬出頭的空間。

企業想要坐擁強兵的第一步是改變領導者的心態。總經理一定要能夠先放下自己比部屬強的想法。有不少企業領袖，由於強將的意念作祟，總認為身為總經理必須比部屬強，容不得部屬比自己優秀，部屬的潛能也就受到局限。其次，企業要營造一個使部屬能夠建立信心、發揮潛能的環境。要做到這一點，企業必須把行動的主體從領導者轉移到部屬，讓部屬認知到自己是主導者，他們才有可能成為強兵。第三，企業領袖應該儘

量把各種尊榮的機會讓給員工，惟有員工受寵，他們才更能自立自強。目前，領導者享有太多的榮耀，相形之下，部屬得到的肯定欠少，自信與發展都會受限，當然也就難以成為強兵了。

心得欄 _____

_____

_____

_____

_____

_____

21

任用賢能，不要怕自己被超越

美國鋼鐵大王卡內基的墓碑上刻著一行字「一個知道選用比自己更強的人來為他工作的人安息於此」，一語道破了職業經理人應有的管理品質。工作中下屬是能人的現象隨處可見，否則就會像九斤老太說的那樣「一代不如一代」。然而每個經理對待能力高強的下屬的態度卻千差萬別，正是由於這不同的態度和做法，不僅影響著能幹的下屬的命運，同樣也影響著自身利益。那麼，作為一個總經理，應如何對待能人下屬呢？

首先，以欣賞的心態來看待有能力的人。心態好是指心態要平和積極，不要有嫉妒心理，如果有嫉妒心理，就會有許多變形的行為和語言產生，這大大影響到經理人自身的形象和聲譽。積極的心態是指以欣賞的心態來看待下屬，這樣不僅下屬會有自豪感和榮耀感，而且也會積極地把能力都發揮出來，而經理人自身也會受到有才幹的人和有才幹的人以外的人尊重、信賴和佩服，大家會團結起來，進行開創性的工作，於是工作效率會大大提高。因此說，下屬是能人是值得高興的事情，有能人要比沒有能人要好得多，因為能人可以來做好多工作，而且可以做一般人做不了的工作，解決一般人解決不了的問題。

其次，對待有能力的下屬要把握三點：一用、二管、三養。

第一是要用。給能人挑戰性的工作，千方百計地激發能人的積極性，讓他們出色地完成工作，讓他們的能力得到發揮，讓他們的才華得到施展，給他們以舞臺滿足感，只有這樣才能留住他們，不然，離去只是遲早的事情。

第二是要管。能人毛病多，恃才傲物，有時甚至愛自作主張，因此，必須要管，要有制度約束，要多與之進行思想溝通交流，力爭達成共識和共鳴。目的在於讓他們與你相互瞭解，防止因相互不瞭解，而產生誤會和用人不當，出現麻煩和損失。

第三是要養。能人往往招致組織中其他人的嫉妒，而且他們往往把持不住自己的表現欲，甚至不分場合地張揚其才華，這就更容易引起別人的反感，因此他們很容易成為組織成員中的眾矢之的。如果總經理一味地偏愛有才能的人，總經理自己也可能受到攻擊和損傷，而如果總經理順應組織中的其他成員的心理需求，對已成為眾矢之的的他們給予打擊排斥，他們就很可能離開組織或轉而對組織造成損害。

妥善的解決辦法就是總經理要採用「養」的辦法。如果能人是魚，組織就是水，而這個組織就是由組織中的每一位成員組成，也包括能人自己。因此除了要引導能人少說多做、做出成績外，還要善意地有藝術性地幫他改掉毛病，同時也要教導組織成員解放思想更新觀念，見賢思齊，使組織形成團結合作積極進取的健康氣氛，這樣一來再引導他們和組織成員融合在一起。其實只要組織健康良好，自然就能養住能人，而且還會培育出更多的能人和吸引組織外的能人進來，使組織成為一個

聚賢的寶地。

接著自然是薦舉能人。有機會要力薦有能力的人上，不要擔心他們和自己平起子坐或超過自己。有能力的人上，對經理人自身來說是利大於弊，在一定程度上講是有利而無害，而且對組織來說還可以培養更多的能人，大家看到有才華的人能得到提拔，大家會爭先恐後提升自己的能力，從而提高整個組織的戰鬥力；反之如果經理人故意壓制能人，甚至讓庸人或小人上，就更加危險，不僅會打擊他們的積極性，使能人對組織徹底失望，而且組織中的其他成員也會有看法，嚴重者會造成整個組織的分崩離析。

養的另一個含義是培養人才，組織中如果人才少或沒有人才，總經理的任務就是要千方百計地培養人才，造就更多的人才，也就是說讓人才下屬催著自己升遷。如果自己沒有培養出能人或沒有能人接班的話，關鍵的時候就會使自己的升遷多了一道障礙，試想，如果沒有人才來接替你的工作，你能調走和升遷嗎？另外，只有培養出能人才說明你是能人，你是比能人更有能力的人，你能擔任更重要的角色。如果連個人才都培養不出來，那說明你自己只是小角色，只是一個只會幹活的人。因為所有的工作都是由人來做的，你不會做人的工作，只會做事，但一個人又能夠做多少事情呢？自己組織輸出的人才多，有很多人才到組織以外的系統任職，對你自身和組織來說都是一筆很好的資源，為自身和組織的生存發展創造一種良好的寬鬆環境。

有些總經理擔心下屬超過自己，不僅不培養、不舉薦，甚

至千方百計地採取壓制貶損迫害等卑劣手段，這樣的總經理在害了別人的同時也害了自己。這是經理人的大忌，長此以往必將被企業淘汰出局。

心得欄 _____

_____

_____

_____

_____

_____

22

不能用奴才代替人才

　　春秋時期，兼併戰爭異常激烈，各諸侯大國都想稱霸。齊國大夫鮑叔牙向齊桓公推薦具有經天緯地之才的管仲，齊桓公卻因一箭之仇不想用他。說：「昔時若不是護心甲，吾幾乎被管仲射死。」鮑叔牙則說：「兩軍交戰，各為其主。那一箭正是管仲的可貴之處。大王若要成霸主，就要能容人，會用人。」齊桓公又反問鮑叔牙：「吾聞子與管仲昔日經商，分金管多而子少，貪財之人何足重用。」鮑叔牙再三舉薦說：「管仲家有八旬老母要贍養，此乃孝心重於友情，更加可貴。」齊桓公見鮑叔牙言之有理，就重用管仲，封為相國。

　　管仲來到齊國，知是的叔牙的竭力舉薦，乃仰天而歎曰：「生我者，父母也；知我者，鮑叔牙也。」遂與之結為莫逆之交。管仲封相之初就要撤掉易牙等三個小人的官職。齊桓公又不解地說：「寡人食之無味，易牙將三歲親兒烹與寡人食，可謂忠矣⋯⋯」管仲對曰：「親生骨肉不愛者，何談忠君，此等違背常情之人，他日必成亂党⋯⋯」齊桓公受管仲之言啟發，再加上信任管仲，便將一切軍機大權放心交給管仲，稱管仲為「仲父」。管仲在齊國採取了疏小人、結君子、重工商、嚴法制的治國戰

略。齊國在管仲的治理下，很快就經濟繁榮，軍事強大，成了春秋五霸中最早的霸主。

商場如戰場，一個企業的經營者特別是大企業要想在商海中叱吒風雲，在同行的激烈競爭中取得霸主地位，靠自己單槍匹馬是不行的。而要知人善任，要能容人，會用人，要有一批管仲、鮑叔牙似的忠貞之士，沙場奇才。縱觀許多企業的興衰成敗，無不與經營者的識人、容人、用人有關。

有的企業老總不識人，任人惟親不惟賢，所以，他們用人往往是奴才代替人才，週圍往往是小人當道，因而邪氣壓倒正氣。企業碰上不識人的老總，規模再大，項目再好，也難有發展。

有的企業老總聽不進反面意見，容不下犯過錯誤的人，更容不下反對過自己的人，在管理層內部實行「清君側」。這樣的老總往往給易牙之輩以投其所好的機會，因而堵死了言路。堵死言路就等於蒙住了眼睛，看不到企業自身的弊端，也看不到市場瞬息萬變的商機。

23
不要有「八折理論」

　　每個人都會有自己的用人策略與用人哲學，選擇自己能夠
熟悉和信任的人，除此之外，非常重要的一點就是，每個人都
不願意找一個與自己有不同意見的人，找一個比自己能力強的
人。能力強的人將來對自己的位子是一個潛在的威脅。所以沒
有一個良好的機制，就很難保證招聘到真正適合企業發展的人
員。這樣的問題在創業期的公司中，尤其是在民營企業中，是
非常明顯的。

　　很多企業的管理者在招聘下屬的時候，都或多或少地在執
行一個著名的「八折理論」：即為了有效防止自己親手招聘或培
養的下屬「功高蓋主」，最後對自己的位子形成威脅，有很多總
經理往往在招聘的時候就刻意將比自己能力差的人納入門下，
而比自己能力強的則往往找個理由推託不要。當然比自己能力
差很多的也不能要，因為總要有一點辦事能力才能使自己得以
解脫和放鬆。那麼究竟以什麼樣的標準來衡量呢？他們最後往
往選擇在 80%「能力點」上。也就是說，上一級在招聘下一級
的時候選擇相當於自己能力 80%的人，依此類推，最終形成一
個很有意思的「等比數列」。就這樣，在這種「八折理論」的指

導下，管理層級越多，高層與基層的差距越大。

即便如此，仍然有相當一部份追求進步的「後生」在「逆流勇進」。當你發現你的下屬在飛速成長的時候，正確的做法應該是馬上意識到自己學習的緊迫感，而不是想方設法地把下屬給打壓下去。

A 先生是某公司市場科的科長，小王是他的下屬。嚴格來說，A 科長的能力是比較「水」的，小王已經開始蓋住了他那原本不多的「光芒」。舉一個最爲簡單的例子爲證：A 科長的電腦水準不高，所以他對電子郵件等現代通信方式具有一種莫名的恐懼感。有一次，他讓小王往全國各分公司發一份國慶促銷通知，小王領命後群發電子郵件三五分鐘就把事情搞定了。

但 A 科長並不放心，要小王發傳真，於是一份兩頁紙的傳真發到了全國 20 多個分公司，整整一個多小時，小王站在傳真機旁，機械地說著同樣的話：「喂，xx分公司嗎？我是總部市場科的，請給個信號，我發一份傳真，一共兩頁，簽收後再傳回來一份……」然後聽到「嘀——」的一響，做著同樣的送紙動作……

小王實在忍不住了，那天他跟 A 科長發生了激烈的爭吵。小王忿忿地說：「公司資源浪費和辦事效率不高就是被你這種人害的。」而 A 科長則回了一句：「你不想幹你可以選擇辭職。」

就這樣，在 A 科長的續續打壓下，再加上小王無法忍受 A 科長的愚蠢，後來小王便憤然辭職了。這裏還要強調一個戲劇性的結果是：兩年後，小王已經通過自己的努力成爲另一家公司部門的高級經理，A 科長卻在一年前因虛報價格、中飽私囊

的貪汙行爲而被開除。

所以，請記住一個悖論：越壓制你的下屬，下屬的進步意識越強，成長速度越快，超過你的可能性就越大。永遠不要妄想通過下屬的無能來反襯你的英明。

高明的領導知道單憑自己的聰明才智，是絕難打得一分天下的。好花還要綠葉扶。一個籬笆三個椿，一個好漢三個幫。沒有得力的部下，事業很難成功。因此，他們求賢若渴，希望能找到輔佐自己成功的良才。而當他發現部下的能力在某些方面高過自己時，他們不是妒忌，而是由衷高興。能夠識得人才、招徠人才，並發揮人才的作用。這說明這位領導有成功的傾向、有當領導的眼光和能力！

摩根是華爾街上的大企業家，他的成功要訣，在於他任用了比他強的人才。

薩繆爾·斯賓塞比摩根小 10 歲，他被摩根慧眼識中，提升爲巴爾的摩·俄亥俄鐵路總裁。他幫助摩根還清了這條瀕臨破產的鐵路的 800 萬美元債務。另一位是查理斯·柯士達，他原來是德雷克歇·摩根商行的員工，他的才幹爲摩根賞識並利用，他能夠花最少的錢賺回最大的利潤。摩根依靠這兩位得力部下，使鐵路的「摩根化」徹底成功。

要知道：公司是由人組成的，公司的好壞在於成員的素質。任何一個成功的公司，都是公司的員工使其超越別的公司，卓越的公司是由卓越的人所組成的。

一家新成立的公司在招聘人才的廣告中這樣寫道：「我們歡迎巨人加入我們的公司，這樣，我們的公司也就成了巨人！」

這家公司的老闆顯然已具備了成功的一項重要因素，至少，他在通往成功的路上邁出了正確的第一步！

「力拔山兮氣蓋世，時不利兮騅不逝，騅不逝兮可奈何，虞兮虞兮奈若何！」楚霸王項羽將失敗歸於天意，歸於「時不利」，其實，他失敗的最重要原因，就是自恃高明，容不得部下比他強。聽不得部下的忠言勸告，韓信就是因此離開項羽，範增也是因此被項羽斥逐。項羽最終落個孤家寡人，力再大，又能拔掉幾座山？這個歷史的教訓，值得現代領導者深思。

心得欄 --------------------------------

24

用一流之人，做一流之事

　　總經理用一流之人，做一流之事，就會成就一流事業。

　　對選拔人才，總經理必須具有坦蕩的胸懷，有提攜超己即選擇超過自己才幹的人的高尚品格。無論多麼優秀的主管，也不可能勝過所有的人，因此，高明的總經理必須敢於提攜超己，敢於使用比自己更聰明的人，決不能因為自己在某一方面不如別人，就妒賢忌能，故意壓制、埋沒那些超過自己的人才。古今中外，凡是成大事者，無不放手提攜超己之才。劉邦提攜張良、韓信、陳平、蕭何；劉備三請諸葛亮，這都是高明的舉動。李世民說，他之所以能夠成就一番事業，原因之一就在於，「從古帝王往往妒忌有才能的人，而我見到別人的才能，就把它當成我自己的才能。」提攜超己，不僅不會「威脅」自己的地位，而且還會大大地「鞏固」自己的地位。因為能力比自己更強的人，不需要憑藉溜鬚拍馬等不正當手段來混飯吃，他們有的是技壓群芳的真本事，憑真本事工作，就能成事；反之，憑假本事工作，只能敗事，許多老闆都懂得「寧肯將事業傳給有能力的下屬，也不傳給無能力的兒孫」的道理。

　　眾所週知的日本企業新力公司，它的發展速度曾引起了世

界各國許多企業家的關注。新力公司董事長盛田昭夫在總結該公司成功的經驗時指出，公司成功的奧秘之一就是重視人才，並且敢於僱用比自己聰明的人。他頗有見地地說：「僱用比你聰明的人，他可以加強你的長處，彌補你的短處。因為部屬比你聰明，就覺得受到威脅，那就太荒謬了。因為能與一個聰明的人共事，畢竟表示你一定也不差。」

提攜超己，必須具有敢於正視現實的勇氣，敢於承認自己在某一方面不如別人；必須有心懷全局、處處以大局為重的公心；還必須有虛懷若谷、心胸坦蕩的大將風度，具有惟才是舉、不計較個人得失的高尚品格。具備了這些內在素質，你才能毫無顧忌地去提攜超己。而你一旦放手提攜了一個能力勝過自己的人，在你週圍很快就會圍起一群能人，形成一個以你為核心的人才群體。

當今世界，科技的發展日新月異。人才的重要性也與日俱增。一個總經理想要取得成功，不盡力羅致優秀人才於自己麾下，就會被握有人才的對手打敗。

25

要明白人才創造週期

美國學者庫克曾提出一種稱做「人才創造週期」的理論。他認為，人才的創造力在某一工作崗位上呈現出一個由低到高，到達巔峰後又逐漸衰落的過程，其創造力高峰期可維持 3～5 年。人才創造週期可分為摸索期、發展期、滯留期和下滑期四個階段。庫克認為，在衰退期到來之前適時變換工作崗位，便能發揮人才的最佳效益。

庫克的這一理論被後來許多研究成果所證明。在蘇聯，高爾基市對該市五家機械廠的 100 餘個工廠進行了詳盡調查，並對生產效果進行了科學分析，結果顯示，絕大多數工廠完成指標情況與工廠主任任期有關。

新工廠主任頭 4 年生產率和產量增長最快，任職 5～7 年後，多數工廠主任工作熱情衰退，馬馬虎虎，得過且過，而且大多主張用增加工人和設備的辦法提高生產率，給企業造成不良後果。這些情況在其他地區也得到了驗證。不久前，有關部門對國內眾多效益不佳的企業進行「診斷」，結果令人吃驚：大多數企業停滯不前或瀕臨倒閉是由於管理不善造成的，而管理者任職時間過長是重要原因之一。現在，許多西方企業已開始

認識並著手解決領導人任期過長的問題。

美國著名企業家、前克萊斯勒汽車公司總裁艾科卡就曾兩次被免職。第一次是在福特汽車公司，他已經升至總經理的位置，正春風得意，卻被趕下了台。當時他傷心至極，企望繼續連任。但公司的決策者認為，艾科卡在總經理的位置幹得太久了，繼續幹下去弊多利少。第二次是在克萊斯勒公司。艾科卡1978年任職克萊斯勒公司，僅用3年時間就把公司從破產邊緣挽救出來，創造了光彩照人的業績，從此名聲大振。但到了1989年，即在相隔7年之後，公司再度出現虧損，進而陷入困境，艾科卡從福特公司帶到克萊斯勒公司的幾員幹將也相繼離去。員工對公司管理產生不滿，紛紛「跳槽」到其他企業，艾科卡回天無力，最終被趕下臺。

客觀地說，艾科卡的失敗是多方面原因造成的，一些美國大企業，尤其是汽車龍頭企業都出現過巨額虧損。但人們從他跌落的軌跡中不難發現，任期過長、缺乏創新意識和進取精神，是其失敗的主要原因。

用人是管理者的基本職能和必備能力，管理者不僅要知人善任，而且要知人善免，只有把善任與善免有機地結合起來，才能使更多優秀人才脫穎而出，使企業充滿生機，成為最終的大贏家。但在實際工作中，知人善免卻不那麼容易，有許多阻力和障礙需要加以清理和克服。有的總經理認為，只要不背離原則，不違法亂紀，即使下屬能力差一些，總要給個位子，以便平衡各種矛盾。另有一些總經理受個人感情的羈絆，對一些資歷長、任職久、感情深的下屬、老鄉和同學遷就照顧，寬容

放縱，即使責任心退化、使命感弱化、進取心淡化，也拉不下臉來予以免職。在人才使用上，有的管理者熱衷於論資排輩，一些有膽識、有魄力、有作爲的年輕人才，由於棱角分明，敢說敢幹，往往被視爲自高自大不予使用；而那些能力平平、善拉關係的人卻受到重用。這些問題嚴重影響了企業的發展，使一些企業停滯不前或瀕於破產。要使企業走上健康發展的道路，就必須改變傳統的只上不下、只進不出的封閉僵化的用人機制，而著手於建立一個能上能下、有進有出的開放式流動體系。只有在這樣的體系中，員工才會努力進取，企業才會充滿活力。

心得欄

26

為什麼跳舞時感覺不累

陳玉玲是一名紡織女工。一天晚上,她回家時顯得疲憊不堪,筋疲力盡。她太累了,背痛、頭痛、沒有食慾,只想上床睡覺,在母親的再三說服下,才坐在餐桌旁。這時,電話鈴響了,是男朋友邀她去跳舞!頓時,陳玉玲的眼睛亮了起來,馬上變得神采飛揚。她狼吞虎嚥地吃完飯,快速地換好衣服,出門去了。夜裏十一點,她才回來,奇怪的是,她不但不疲倦,反而興奮異常,久久難以入睡。

一個陳玉玲,兩個樣子,是興趣使然。紡織女工的單調工作,年復一年,日復一日,已失去喚起激情的興趣;男友之邀後,美妙的音樂和激動人心的舞姿,男友深情的雙眼和娓娓動聽的談吐,則具有神奇的誘惑力量。

可見,興趣是活動的動力,要獲得某種行為,應首先塑造相應的興趣。

但是,任何一項工作,那怕當事人認為極有意義的工作,長期反覆地操作,也要不同程度地失去興趣。特別是在自動化和機械化作業條件下,大多數人的工作單調乏味、千篇一律,很難引起興趣。沒有興趣,工作的熱情和積極性就要受到威脅,

因此，聰明的領導者總是想辦法為人們注入工作的興趣。

注入工作的興趣，辦法很多，簡而言之，有三個方面：

1.讓下屬參與上層決策，使之在完成本職工作的前提下，還有表現其管理決策能力的機會。比如，建立完善的建議制度，根據下屬建議的性質、效益等等，給以相應的獎勵。

2.讓下屬在一定範圍內自己決定其工作方法、工作程序和步驟，給他們更多的自主權。

3.經常向下屬們宣傳本單位產品的地位和作用。說明下屬的工作對社會的貢獻，增強下屬的榮譽感。第二次世界大戰期間，美國的一些兵工企業，把飛行員和坦克手請到工廠做報告，告訴工人們，他們製造的產品怎樣支援了戰爭。有一家盲人工廠生產的螺帽，遠銷世界各地，通用性很強，飛機、輪船以及各種機械都可以裝配。

該廠領導者將這一信息傳給大家，大大提高了工人對自己價值的認識，增強了工作的興趣和積極性。

要使一個士氣低落的隊伍振奮起來，要使一個昏昏欲睡的人激動起來，就必須有震撼他們心靈的刺激力量，激發起他們的精神興奮點。所謂激發精神興奮點，就是給人們指明一個可望可及、可親可近的希望和目標，從而激起他們的強烈慾望，並使其為之奮鬥不息。

心理學家做過一個著名的試驗：將 30 個人分成 A、B、C 三組，每組 10 人。分別通知他們沿公路趕往 30 公里開外的目標.但通知各組的條件不同：A 組，不知目的地在那兒，也不知究竟多遠，只知道跟著嚮導走；B 組，知道要去的地方，也知

道總路程 30 公里,但沿途沒有里程碑;C 組,既知道目的地和總路程,又看到路上一塊塊里程碑,還知道優勝者能得到榮譽和物質獎勵。

　　試驗結果,A 組士氣低落,埋怨叫苦,有的走著走著索性坐在路邊不走了,有的乾脆搭車回家;B 組,知道路程,估計到要走 6 個小時左右,但在走了 3 個小時左右時,士氣開始低落,走了 5 個小時後,多數人感到非常疲勞,但當知道快到終點時,就重新振作起來;C 組,士氣最為高昂,誓奪優勝,有的雖然打了腳泡,但大家互相鼓勵,邊走邊唱,果然取得優勝。這個試驗證明,希望和目標能激發人們的熱情,鼓舞人們的鬥志,激發人們的積極性。

心得欄 _
_ _
_ _
_ _
_ _
_ _

27

讓人負有重大使命感

　　有一則寓言說：一頭牛被主人從牛欄中拽出，去拉水車。牛很不情願，在井臺上總是走走停停。這讓主人很著急，想方設法去激發牛的積極性，開始用草，後來用精飼料，可無論怎樣激勵，牛的幹勁都毫無起色。後來主人想了想，用一塊布蒙在了牛的眼睛上，這下效果奇佳，牛很有勁地拉著車轅走了下去。傍晚，牛被牽回牛欄。另一頭牛看它渾身是水，驚奇地問：「大哥，你到那裏去了？」這頭牛很神秘地說：「老弟，今天我幹了一項非常重要的工作，主人牽我去了一個很遠很遠的地方，是只有馬才能有幸到達的地方，而且這工作對主人非常重要。主人對我的工作非常滿意，一路上讚聲不絕。」

　　第二天，主人又把這頭牛牽出去拉水車。這頭牛搖頭擺尾，無比地自豪。於是它又被蒙上眼睛，一圈圈地在井臺上拉著。

　　有人說過，「人願意為理想而獻身，但不願意為工作而累死。」

　　有一次，史考伯手下的一名工廠經理來向他討教，因為他的員工一直無法完成他們分內的工作。

　　「像你這樣能幹的人，」史考伯問，「怎麼會無法使工廠員

工發揮出工作效率？」

「我不知道，」那人回答，「我向那些人說盡好話，又發誓又賭咒的。我也曾威脅要把他們開除，但一點效果也沒有。他們還是無法達到預定的生產目標。」

當時日班已經結束，夜班正要開始。

「給我一根粉筆，」史考伯說。然後，他轉身面對最靠近他的一名工人。問道：「你們這一班今天製造了幾部暖氣機？」

「6 部。」

史考伯不說一句話，在地板上用粉筆寫下一個大大的阿拉伯數字「6」，然後走開。

夜班工人進來，看到了那個「6」字，就問這是什麼意思。

「大老闆今天到這兒來了，」那位日班工作的員工說。「他問我們製造了幾部暖氣機，我們說 6 部，他就把它寫在了地板上。」

第二天早上，史考伯又來到工廠。夜班工人已把「6」擦掉，寫上一個大大的「7」。

日班工人早上來上工時，當然看到了那個很大的「7」字。原來夜班工人認為他們比日班工人強，是嗎？好吧，日班工人要向夜班工人還以顏色。他們加緊工作，那晚他們下班之後，留下一個頗具威脅性的「10」字，員工的工作熱情顯然逐漸好轉。

不久之後，這家產量一直落後的工廠，終於超過了其他的工廠。

運用使命感，就是告訴下屬做什麼，而不告訴他們怎樣去

做。這樣，他們接受任務後，就不得不充分運用其想像力，發揮其積極性和創造性。

運用使命感激發積極性，必須掌握好五個要素，即：明確任務、弄清責任、授予權力、給予條件、監督評價。這種使命感，滿足了人們受到信任、發揮能力和創新、取得成就、獲得自由支配權等等渴望，必然啓動人們內在的動力。

某廠有一個工段，其任務是維護生產正常進行。在生產正常情況下，工作量不大。即使如此，他們仍然在工作中相互推諉、扯皮，個別人長期不幹活，影響了大家的積極性。後來，工段長想了個辦法：一人一天輪流負責。這一天輪到誰，巡檢、操作任務由他承擔、人員材料由他調配，出了問題由他負責，取得成績功勞歸他，段長負責監督講評。這一來，大家積極性高了，責任心強了，推諉扯皮、任務分不下去的現象沒有了，生產形勢比以前更好了。

身為一個單位的總經理，如果不善於運用使命感，雖然自己累死累活，但下屬仍沒有積極性，工作就不可能搞得好。三國時的諸葛亮，在劉備死後，大事小事，「外連東吳，內平南越，立法施度，整理戎旅，工械技巧」等等，他都事必躬親，即使迫不得已叫別人幹某件事時，也「過於叮嚀備至」，生怕別人聽不懂，不會做，致使「蜀中無大將」，後繼無人，結果他雖六出祁山，也未能扭轉局勢，在五丈原「死而後已」了。

英國國會議員、自工黨領袖大衛·斯蒂爾說：「為了使人敬業，眾人合作，最重要的便是使每一個人都感覺自己參與事件的決策。」

　　每個人都希望在組織裏有發言權，參與決策和管理。他們一旦參與，就會把自己所在的組織和所做出的決定看成是自己的。就會提高自主感、義務感、責任感、積極性和創造性，消除其「旁觀者」、「局外人」等不合作心理。

　　美國佛羅里達州蒙賽托工廠的員工，可以參與整個生產管理活動，他們有權自己管理自己。這一新制度實行的第一年，就使浪費降到零，生產率提高 50%。

　　德國西門子公司 1847 年創立至今，150 多年來從未出現過罷工事件，其重要原因之一，是他們讓員工參與企業的決策和管理。該公司設有全部由員工組成的企業員工委員會，總人數超過 1500 人，公司在社會福利、人事政策、企業合併、搬遷等重大問題做出決定之前，必須得到該委員會的同意。該委員會還有監督保護條例、工貿合約以及企業各種協議的實施等權力。為了發動員工參與企業管理，西門子還建立了品質小組、青年員工攻關小組，開展合理化建議活動。

　　英國著名的舒味思食品公司，由下而上建立了「金字塔」，讓員工參與管理制度。在最基層如銷售店，全體員工直接共同決定各種銷售策略，再往上，直至總公司，層層都建立由員工代表參加的決策團體。員工部份地當家做主，大大弱化了勞資雙方、藍領與白領之間的對立。形成了一個命運共同體，激發了員工的積極性和創造性。

　　當一個人參與了某項重大決策.他就會把這個決策看作是自己的事情，這項決策的實行成功與否，關係到他的功名利祿。因此，他就會全身心地投入，千方百計地去貫徹和實現決策。

28

總經理把員工當人才，員工就把自己當牛

古人云：「士爲知己者死。」真誠地去尊重人、關心人、理解人、幫助人，就能極大地激發他們的積極性和創造性。正如一位員工說的：「主管把我當成人才，我就把自己當成牛。」

一次唐太宗與魏徵在一起談論知恩報恩的事。魏徵給唐太宗講了一個故事：春秋時期，有個晉國人叫豫讓，他是智伯的門客，很受智伯信用。趙襄子滅掉智伯後，用他的頭做飲器。豫讓逃脫，發誓要爲智伯報仇。他先是改變姓名，做刑徒，到宮中修廁所，想刺殺襄子，但被襄子捉住，後又被放逐。豫讓又用漆塗身，使身上長滿癩瘡，刮掉眉毛，改變自己的容貌，裝成乞丐，但還是被他妻子聽出了聲音。於是，豫讓又吞炭把嗓子弄成沙啞。他埋伏在趙襄子必經過的橋下，準備行刺。趙襄子過橋時坐騎失驚，豫讓又被發現了。這次趙襄子不再放他了，派士兵把他圍住，問他：「你以前侍奉過範氏、中行氏這些公卿，智伯把他們消滅了，你卻投靠智伯，不爲他們報仇，現在卻爲智伯報仇，這是什麼原因呢？」

豫讓回答說：「我先前爲範氏、中行氏做事，他們把我當作普通人對待，我就像普通人一樣報答他們。智伯把我當國士看

待，我當然要像國士一樣報答他。」

領導越是關心、愛護部屬，部屬就會越加拼命效力。

魏徵原是皇太子李建成的親信和首席謀士，幫助李建成與李世民爭奪帝位，李世民說他見了魏徵就像見了仇敵。後來李世民發動玄武門之變，擊斃皇太子李建成後自立為王。他怒斥魏徵，魏徵回答說：

「皇太子建成如果聽我的話，一定不會有今天的禍事。」

太宗聽了，肅然起敬，深深被魏徵忠心侍主、剛強不阿的精神所打動。於是，給以格外禮遇，多次召魏徵進入寢宮，詢問治國大計，任命他為諫議大夫，對他敬重十分，並對魏徵說：「你的罪比射中齊桓公一箭的管仲還大，我對你的信任卻超過了齊桓公對管仲的信任。」

魏徵被唐太宗的大度和信任所深深感動，決心為其效勞。太宗每一次和他談話，總是很投機，很高興。魏徵覺得遇上了知己的國君，「士為知己者死」的決心愈加強烈。他忠誠為國鞠躬盡瘁，前後勸諫 200 多件事，都很合太宗心意，為「貞觀之治」立下大功。太宗視他為治國第一功臣。

29

企業總經理是「算命先生」

　　做給予員工信心的「算命先生」，對於企業領導來說，不僅是一種智慧，更是一種胸襟和氣度。

　　古代時，一支軍隊在出征之前，請一神算子來測定吉凶。神算子在軍前以扔銅錢爲蔔，銅錢有字的朝上，表示勝利，銅錢無字的朝上，表示失敗，神算子蔔了三次，銅錢都是有字的朝上，一時間，全軍上下抱著必勝的信心，士氣大振，最後取得了巨大的勝利。真是上天昭示的勝利嗎？不是，當時，主帥爲了紀念出師，下令把佔卜用的銅錢全部釘在校場。後來，有人偶然間把銅錢翻了過來，赫然發現：銅錢的兩面全部是有字的！怪不得怎麼卜，都會顯示勝利，原來，算命先生是騙人的！我們在現實生活中發現，無論是何種階層，找人算命是一種普遍存在的現象，由此，也養活了一大批算命先生。算命是封建迷信，是騙人的，但是，奇怪的是，算命先生好像從來沒有斷過，也從來沒有停止過騙人，算命先生爲什麼騙人呢？因爲在人群中的部份人，存在著被「騙」的需要，去算命的人，大多都是處於人生的彷徨與猶豫之中，面臨著人生的抉擇。這時候，算命先生會通過各種手段，滿足其心理期望，這就是算命先生

千年不絕的原因之一。

而在揭開算命先生的神秘面紗後，我們可以發現，企業總經理對於企業員工，在某種意義上也是一個「算命先生」，企業領導的一大責任，就是對於整個團隊的激勵，企業在制定發展戰略後，總經理有時也需要像扔銅錢的算命先生一樣，既然選擇了前進的方向，就要使所有的企業成員對未來滿懷信心，去努力實現企業的目標。在此過程中，總經理是企業精神的發動機，更多的是充當企業精神教父的角色。他的重要使命之一，就是使企業人員對企業的未來深信不疑，對企業的發展充滿信心，並且願意為企業的發展貢獻自己的力量，也相信自己在企業的發展中能夠得到提升。

考究中外偉大的企業家，我們可以發現，他們不僅能夠給予整個團隊前進的信心，更能夠給予屬下員工在自我發展中的信心。他們鼓勵屬下多嘗試以前沒有做過的工作，容忍他們的失誤，給予他們探索未來的機會。

30

愛吃草的給草，愛吃肉的給肉

有一位農村小學生，母親交給他任務：每天下午放學回家，把羊趕到江灘上去吃草，天黑了，再把羊趕回家。每次趕羊出去，羊總是非常高興地跟著小跑，可天黑趕羊回家時，羊總是賴著不肯走。於是小學生使勁拉，拉不動了，就用樹枝抽羊屁股，可這一抽，羊就亂蹦亂跳起來，更加不好趕。後來小學生想了一個辦法：預先拔一小捆羊愛吃的草，趕羊時，往背後一背，羊看見小學生背上有草吃，就跟著小學生一邊吃一邊走回家。

從這件事中，人們可以領悟到：開始，小學生只考慮羊要回家的道理，沒有考慮到羊要吃草的道理。後來小學生爲羊著想，站在羊的立場想辦法，羊就乖乖地跟著他走了。

人類和羊有著類似的本性，他們都是根據自己的理由來行事的，並且都認爲自己的理由是正確的。

總經理在說服人時，必須設身處地，站在他人的立場上替他想想，弄清他的道理，並以他的感情和認識爲起點，去引導他，他就會感到你是理解幫助他的知心人。這樣，他就會聽你的話，跟著你走了。如果你去拉他、逼他，甚至打他，他就有

一種本能的反抗力，不但不會服你，反而要和你作對。

美國著名教育家阿奎曾經說過:「如果你希望某人接受你的觀點，你就必須站在他的位置上，去和他談心，引導他，千萬不要隔著房間對他叫喊，不要說他笨，也不要命令他到你身邊來，你必須從他所在的位置開始，一步一步地去耕耘，這是使他讓步的惟一辦法。」

美國有位出身中等階層家庭的女教師，教著一群來自貧民階層的學生。這些學生對她抱有反感。有一天，班上一個最調皮的學生把一罐油漆塗到牆上、黑板上和講臺上。女教師看到後，火冒三丈，正想嚴厲懲罰，突然校長來了，她轉念一想:如果告訴了校長,這些窮孩子就會被攆出校門，後果不堪設想。於是她向校長解釋說:他們正在上公眾學課程，學習如何消除亂塗亂寫的方法。結果，校長一走，教室裏一片歡騰，女教師一下成了他們貧苦學生的人，大家都自願聽從她的教導。

設身處地就能贏得人心，轉變立場就能轉變人。

31

水至清則無魚

「林子大了，什麼鳥都會有」。作為個體的集合，組織就如一個大樹林，不同的鳥兒聚在其中，構成了一個複雜的生態環境。面對於此，管理決不是一個單純過程，它應當具有針對性、包容性和靈活性，否則，管理就喪失了它的本質意義。

在日本的一家動物園，有位飼養員特別愛乾淨，對動物也特別有愛心，每天都把小動物住的小屋打掃得乾乾淨淨。結果呢，那些小動物一點也不領他的情，在乾淨舒適的環境裏，動物們開始慢慢萎靡不振了，有的厭食消瘦，有的生病拒食，有的甚至死了。原因是什麼？後來，通過觀察才發現，那些動物都有自己的生活習性，有的喜歡聞到那混濁的騷氣，有的看到自己的糞便反而感到安全，等等。這個故事說明了一個道理，總經理必須針對組織內個體的需求，包容個體的差異性，並在此基礎上靈活應對、多元管理。假如像故事中的飼養員那樣，無視個體的差異，一味追求看似完美的統一，這樣的組織最終一定會因抹殺了個體的個性而導致組織的解體或僵死。

作為組織的一個類型，企業就其性質而言，一方面具有經濟屬性，惟求其利；另一方面又具有社會屬性，即企業也是由

具有不同性格、不同需求、不同地位、不同生活經歷和習慣的，活生生的「人」組合在一起；不可否認，社會的混合性、庸俗性、複雜性同時被包容其中，構成了這個複雜的組織環境。可以想像，在這個環境裏，祈求一個稱心如意的狀態，達到一個理想的完美境界，幾乎是異想天開。僅舉公司電話私用現象：70%的電話可能在被私人佔用，你若想根除的話，可能你要被先根除。倒不如實實在在根據人們的習性和人的不同需求，因勢利導，逐步改善，平和穩健，力求降低私用率罷了。

俗話說得好，水至清則無魚。魚缸裏的水雖然清澈見底，但生長在其中的魚長不大，活不長。江海的水雖然混濁，卻能夠容納更多更大的魚。從管理學的原理來看，組織的方方面面留有餘地，互存不良，反而順理成章，和諧有序。當你想水清一點，不妨渾一點；想圖快一點，不如慢一點；想求好一點，不如差一點，這可能就是殘缺美在管理實踐中的表現吧。

但是否由於組織內個體的差異性、整體的不完美性客觀存在，管理者追求改善的努力就會一無「適」處了呢？其實不然。管理的有效性恰恰體現在通過管理，使組織具備自我淨化、自我改善的功能上。

記得上小學的時候，每天都要經過一個鄉村的小河浜。每到傍晚，那裏的村民，不管男女老少都會聚在河邊，洗刷物件。到了夏天的時候，河浜裏更是熱鬧，洗的洗、刷的刷、游的游，把河浜裏的水搞得一片歡騰。每當人們洗刷完畢離開河邊之時，河裏已是混濁一片了。可是，奇蹟總是每天在發生。當你第二天清晨再經過那裏的時候，你會驚喜地發現，河水依舊是

那麼的寧靜和清澈！那時，幼小的我產生疑問：河浜裏的水怎麼會在清晨變得清澈、透明？後來，等自己大了，學到的知識多了，就自然明白了其中的道理：河浜的水是活的，具有多種微生物的自我淨化能力。不能因爲眼前一時的混濁，而把河浜廢掉，或者去做一些其他的無效之舉。

假如把一個健康的企業組織比作這個河浜的話，我想，管理者的職責不在於花更多的精力清除不良因素，而是任其適當合理存在，管理的重心則在於培育企業的自我淨化能力。

在這一過程中，管理者首先應該承認並學會欣賞人與人之間與生俱來的差異性。企業的功能之一，就是包容員工多樣化的差異性，並將其揉合成一種向心力。比如在能力差異上，能力強的員工恰恰在能力較弱的員工那裏獲得自信感，而能力差的員工又以能力強的員工爲榜樣，並從中獲得安全感。雙方的差異性在日常工作中保持著一種彼此依賴和滿足的關係。如果在一個公司全都是「武林高手」的話，那麼，就可能出現相互抵銷的消極現象。從管理實用的原理出發，不妨有意或者無意地製造點差異性，讓組織自然地進入一個有序磨合的狀態。

其次，管理者還應學會巧妙利用組織成員彼此之間素質的落差性。很多管理者都希望組織內部的優秀分子、純潔分子越多越好。「事實上，大概沒有比彙聚優秀人才於組織更可怕的事情。優秀人才的負面效果，往往使組織更加僵化，更傾向於爭鬥和本位主義。一般認爲非優秀人才能起到中和作用。」這是日本經濟學家屋太一先生在《組織的盛衰》中寫到的一段話。

要知人，知人者必須有求才之渴。不能一提「德才兼備」，

就認爲不僅應該什麼都會，而且必須是無缺點、無毛病的完人。「金無足赤」，誰都不可能樣樣都好。以人類現有的知識、經驗、能力來說，任何個人都不可能全部包容。

有的總經理爲求完人，把那些有事業心、有工作能力、又有若干缺點毛病的幹部換下來，而把一些確無毛病但平平庸庸、開創不了新局面的人提拔到領導崗位，結果使自己的事業蒙受損失。如果要求自己所用的人沒有短處、樣樣不錯，所得的往往多數是樣樣不突出的平庸之輩，而他領導下的組織也往往只能成爲一個不犯錯誤也絕無作爲的平庸組織。事實上，好人並不等於能人，能人更非完人。有人認爲對一個經營者來說，寧可重用有缺點的能人，也絕不要選拔那些四平八穩的庸人。要看主流，一個人的優點和缺點常常是相互影響的。列寧說：「人們的缺點多半同人們的優點相聯繫。」要求全才，則無一人可用，必將失去一大批精明能幹、勇於開拓的能人。若能才重一技、德看主流。「短中見長」，則無不可用之人；從揚其長而避其短，到尊其長抑其短，就能變消極因素爲積極因素，使我們的組織人才輩出。

我們應當首先要衝破那些傳統的老觀念、老框框。比如：什麼叫「老實」、「聽話」、「穩重」？長期以來，在極少數人的眼光下，往往把安於現狀、墨守成規、惟上是從、四平八穩、無所作爲的人視作「老實」的、「聽話」的、「穩重」的，而把敢於發表不同意見、善於思考、勇於改革創新、有膽有識、肯幹能幹的人說成是「愛吹牛」、「不安分」、「目中無人」、「喜出風頭」等等，長期歧視他們。殊不知，今天許多人才，之所以

「不安分守己」。就是因爲他們總是在思索著如何改變我們生產和生活中的落後環節，改進和改造那些被人們司空見慣、習以爲常的事情和東西。因此他們總是愛提意見和建議，對生產關係和上層建築中阻攔或妨礙我們加速進行社會主義建設和社會發展的那些環節，非常敏感，力圖儘早搬掉這些「絆腳石」。來開拓社會主義現代化事業的坦途。如果視而不見這種難能可貴的求實精神和創新精神，卻津津樂道於他們那些「缺點」、「毛病」，甚至不惜讓他們遭到不應有的限制和阻撓，這不正是在刁難和打擊有用的人才、損害我們的事業嗎？因此要真正知人，首先要打破那些傳統的觀念和框框。

一個進取心強、敢冒風險、敢走前人沒有走過的路的人，難免有時處理事情有不週不細的毛病，一個有魄力、有才幹，不怕習慣勢力、敢於打破陳規陋俗的人，難免有時顯得驕傲自大、目中無人；一個有毅力、有倔勁，不達目的誓不甘休的人，難免有時主觀、武斷，等等。一個經營者如僅能見人之短而不能知人之長，就易刻意挑人之短而無法看其所長；這樣的經營者本身就是一位弱者。求全責備，必然糾纏短處，把螞蟻當大象，搞煩瑣哲學，一個問題拖幾年，沒完沒了；求全責備，極易抹殺主流，抓住一點、不及其餘。這不是一個英明而又正直的經營者對自己的下屬所應持有的態度。

要知人，一定不要相信那些閒言碎語的干擾。「人言可畏」，閒言碎語是那些見不得人的人慣用的害人暗器。它之所以能起作用，就是因爲有人相信它。所謂「八分錢，查半年；一毛六，夠你受」，就是這種陰險的手段。經驗證明，知人選人是極不容

易的事。一個人平平庸庸，大家彼此彼此，可以相安無事；一旦某人冒了尖、有了突出成績，即可引起有關主管注意，馬上各種非議就會接踵而來，閒言碎語就是一件「法寶」。有些人平時不幹事，袖手旁觀，似乎「不犯錯誤」，專挑別人的毛病；一旦有機會就吹冷風，散佈流言蜚語。這種製造閒言碎語、傳播閒言碎語的人，是十分令人可憎和厭惡的。這樣的人完全可以稱得上害群之馬，有這樣的人存在一天，你的集體就甭想有一日之安寧。

　　知人者必須看主流，注意保護人才，決不要輕信閒言碎語。否則，許多有真才實學、有組織能力、有創業大志、能爲社會主義現代化事業出大力的人才，會因此而受歧視、被壓制、遭排擠，還談什麼知人善任呢？

　　要做好工作，必先做到知人善任。而要真正做到知人，一定要從各種各樣的舊觀念、老框框的束縛中擺脫出來，不能求全責備、搞煩瑣哲學，不要輕信閒言碎語，要從人才的實際表現出發，看他們對事業的基本態度，看他們工作表現的主流，要真正愛惜他們、保護他們，做到求才若渴、愛才如命。這才是非常重要的。

32

有些事沒必要刨根問底

在公司內部產生矛盾或發生問題的時候，作為總經理首先要做的事情不應該是去沒完沒了地追究責任，而是要把解決當前的問題放在第一位。

有位客戶向一家公司投訴說，他沒有得到有效的技術支援。某副總經理接到投訴後非常惱火，把技術部經理找到自己的辦公室瞭解事情的起因。技術部經理說這不關我們的事，我們並沒有接到這個客戶的任何支援要求。於是副總經理把主管這個客戶的銷售人員找來，銷售人員說這個客戶已經數次向公司反映問題了，也多次向有關技術人員轉告，但是工程師以沒有時間為理由一直拖到現在。技術部經理大叫冤枉，說從來沒有聽說過這件事，副總經理於是又找到銷售人員所說的那位工程師，這位正在外地出差的工程師非常委屈地說：「我的確知道這個問題，但是也的確沒有時間去解決，您看我一個人要照顧這麼多客戶，怎麼可能照顧得過來？」

副總經理認為這件事非常嚴重，在總經理沒有在公司的情況下，決定召開一個有銷售部和技術部共同參加的會議。會議整整開了一天，大家又談出了很多的問題，副總經理把每一件

事的細節都瞭解得非常透徹，並且下決心搞清楚到底在那一件事上應該由誰承擔責任。但是顯然這是不大可能的，因爲每一件事都有它自己發生的背景，怎麼可能把每個細節搞得清清楚楚呢？所以會議的結果是可以想像的，那就是沒有結果。

一個星期之後，總經理回到公司，那個向副總經理投訴的客戶又一次打來電話，聲稱必須和總經理談。在電話中，客戶把總經理罵了個狗血噴頭，並發誓說再也不會購買該公司的產品，已經購買的產品也準備退貨。理由很簡單，他們的技術支援要求沒有得到滿足，而且在正式向公司提出投訴之後的一個多星期裏沒有得到公司的任何答覆。

總經理沒有去追究任何人的責任，他首先決定的事是親自帶領技術部的工程師登門向客戶致歉，並爲客戶解決所存在的技術問題，同時決定向客戶免費贈送一套產品。客戶於是變怒爲喜，一件大事就此解決。

然後總經理召開了同樣有技術部和銷售部參加的會議，但是他沒有追究在發生的事情中誰應該承擔什麼責任，而是首先檢討自己在工作上的失誤，他認爲部門之間的工作矛盾首先是因爲總經理沒有做好協調工作，其次是對公司內部的技術人員資源短缺沒有看到。總經理的檢討引起了大家的共鳴，當技術部經理和銷售部經理紛紛要檢討自己責任的時候，總經理打斷了他們。總經理說，我開會的目的不是聽你們作檢討，而是要你們拿出一個解決問題的方案，也就是說，我們應該做什麼才能保證以後不發生和少發生這樣的事情。於是大家談到了工程師人員不夠，技術素質不高，銷售人員不善於和工程師配合等

等問題，並提出不少建議。會議最後作出決定：第一建立銷售部和技術部定期交換客戶情況制度；第二責成人事部安排員工培訓，並提出新的工程師招聘計劃；第三對客戶的投訴制定出切實有效的處理流程。

副總經理和總經理的截然不同的做法給我們的啓示是：在問題發生的時候，作爲經理人首先要做的是什麼。有的時候，的確必須搞清楚事情發生中的責任問題，但是並不是每一件事都要把細節摘清楚。最重要的是要解決問題，給出解決問題的方案，不然的話，吵了半天，問題依然存在。這其實不是一個管理方法問題，而是一個管理意識問題，體現了不同領導人的管理作風和水準。

心得欄 -----------------------------

33

總經理要建立一支精兵強將的團隊

一些非凡的企業家或管理者，他們天生好像有獨特的再生能力和魔力，可以在很短的時間內，扭轉乾坤，將一群柔弱的羔羊訓練成一支如雄獅猛虎般的管理團隊，所向披靡。

1.讓團隊成員都充分瞭解共同的目標和遠景

成功的總經理往往都主張以目標為導向的團隊合作，目標在於獲得非凡的成就；他們對於自己和群體的目標，永遠十分清楚，並且深知在描繪目標和遠景的過程中，讓每位夥伴共同參與的重要性。因此，好的總經理會向他的追隨者提出明確的方向，他經常和他的成員一起確立團隊的目標，並竭盡所能設法使每個人都清楚瞭解、認同，進而獲得他們的承諾、堅持和獻身於共同目標。

因為，團隊的目標和遠景如果並非由總經理一個人決定，而是由團隊內的成員共同合作產生時，就可使所有的成員有認同感、成就感，大家從心裏認定：這是「我們的」目標和遠景。

2.讓每一位成員都明白自己的角色、責任和任務

成功團隊的每一位夥伴都清晰地瞭解個人所扮演的角色是什麼，並知道個人的行動對目標的達成會產生什麼樣的貢獻。

他們不會刻意逃避責任，不會推諉分內之事，知道在團隊中該做些什麼。大家在分工共事之際，非常容易建立起彼此的期待和依賴。大夥兒覺得唇齒相依，生死與共，團隊的成敗榮辱，每個「我」有著非常重要的分量。

3.鼓勵成員主動為團隊目標的決策獻計獻策

現在有數不清的組織風行「參與管理」。領導者真的希望做事有成效，就會傾向參與式領導，他們相信這種作法能夠確實滿足「有參與就受到尊重」的人性心理。

成功團隊的成員身上總是散發出擋不住參與的狂熱，他們相當積極、相當主動，一得到機會就參與。

化妝品公司創辦人瑪麗‧凱(Mary Kay Ash)說過：「一位有效率的經理人會在計劃的構思階段時，就讓部屬參與其事。我認為讓員工參與對他們有直接影響的決策是很重要的，所以，我總是願意冒時間損失的風險，如果你希望部屬全然支持你，你就必須讓他們參與，愈早愈好。」

不過這裏要說明的是，同樣是「參與」，但團隊中成員的「參與」是自主、自動參與，而以往的「參與管理」則是領導請下屬參與，前者比後者更徹底、更激勵人心。

4.宣導成員間真誠傾聽彼此的建議

國際知名的管理顧問肯尼斯‧布蘭查德在其設計的高績效團隊評分法第十一項指出：「成員會積極主動傾聽別人的意見，不同的意見和觀點會受到重視。」正是如此！在好的團隊中，某位成員講話時，其他成員都會真誠的傾聽。有位團隊負責人說：「我努力塑造成員們相互尊重、傾聽其他夥伴表達意見的內

容,在我的單位裏,我擁有一群心胸開放的夥伴,他們都真心願意知道其他夥伴的想法。他們展現出其他單位無法相提並論的傾聽風度和技巧,真是令人興奮不已!」

5.引導和推動成員間彼此相互信賴

真心地相互信賴、支持是團隊合作的沃土。李克特曾花了好幾年的時間深入研究參與式組織,他發現參與式組織的一項特質:管理階層信任員工,員工也相信管理者,信心和信任在組織上下到處可見。近年來發現眾多的獲勝團隊,都全力研究如何培養上下之間的信任感,並使組織保持旺盛的士氣。它們常常表現出四種獨特的行為特質:

(1)總經理常向他的夥伴灌輸強烈的使命感及共有的價值觀,並且不斷強化同舟共濟、相互扶持的觀念;

(2)它們鼓勵遵守承諾,信用第一;

(3)它們依賴夥伴,並把夥伴的培養與激勵視為最優先的事;

(4)它們鼓勵包容異己,因為獲勝要靠大家協調、互補、合作。

6.鼓勵成員自由表達自己的感受和意見

好的總經理,經常率先信賴自己的夥伴,並支持他們全力以赴。當然他還必須以身作則,這樣才能引發成員間相互信賴、真誠相待。

成功團隊的總經理都會極力提供給所有成員雙向溝通的舞臺。每個人都可以自由自在、公開、誠實表達自己的觀點,不論這個觀點看起來是多麼離譜。因為,他們知道許多偉大的設想,在第一次提出時幾乎都是被冷嘲熱諷的。當然,每個人也

可以無拘無束地表達個人的感受，不管是喜怒哀樂。一個高績效的團隊成員都能瞭解並感謝彼此都能夠「做真誠的自己」。

總之，群策群力，有賴大夥兒保持一種真誠的雙向溝通，這樣才能使組織表現力臻於完美。

7.讓員工自由自在地與你討論工作上的問題

在成功的團隊裏，我們經常看到團隊成員們可以自由自在地與主管討論工作上的問題，並請求：「我目前有這種困難，你能幫我嗎？」再者，大家意見不一致，甚至立場對峙時，都願意採取開放的心胸，心平氣和地謀求解決方案，縱然結果不能令人滿意，大家還是能自我調適，滿足組織的需求。彼此之間保持彈性、自由、開放、互助的團隊氣氛，有助於謀求更好的解決方案。當然，每位成員都會視需要自願調整角色，執行不同的任務。

8.在團隊內部創造彼此認可與讚美的氣氛

「我覺得經常受到別人的讚賞和支持。」這是高績效團隊的主要特徵之一，團隊裏的成員對於參與團隊的活動感到興奮不已，因為，每一個人會在各種場合裏不斷聽到這些話：「我認為你一定可以做到！」「我要謝謝你！你做得很好！」「你是我們的靈魂！不能沒有你！」「你是最好的！你是最棒的！」這些讚美、認同的話提供了大家所需要的強心劑，提高了大家的自尊、自信，並驅使大家願意攜手同心。

以上八種特徵，在你所帶領的團隊裏有沒有明顯的跡象呢？請自己找個清靜的場所，給自己十分鐘的時間好好省思一番。這有助於你建立一支有效率的管理團隊。

34

總經理要學會做教練

你或許是個好經理，但並不等於是個好教練。

多數職員都碰到過糟得透頂的總經理。他們總認為員工一輩子都無創見。他們對員工總是漠不關心、居高臨下，甚至濫用員工。這些人的聆聽技巧回饋方式很糟糕。他們不會分派任務，不會培養人，不會進行業績評估，辦事也沒有輕重緩急。他們的脾氣暴躁，對人缺乏耐心。這種總經理創造了一個充滿恐懼和偏執狂的工作環境。

凡有這種經理的企業都面臨過管理不善的問題。作為經理或有朝一日成為經理，你究竟犯了多少這類管理不善的毛病？答案只有你和你的員工知道。

簡單說來，管理不善就等於留用不合格的、培訓不足的、誤入歧途的或準備不足的經理。這些人缺乏人際關係技巧來增強員工的責任心、改善企業業績。

總經理終日忙於計劃、組織、指揮和控制的日子已一去不復返了。當代總經理面臨著一個新時代的來臨。他們必須運用適當的人際關係技巧來激勵員工，必須建立起一種關係使整體整合的威力大於個體簡單相加之和。如今的總經理必須培養積

極的工作關係以加強員工的自尊。他們必須對員工加以培訓，讓員工人盡其才，他們必須促使員工提高工作業績。與此同時，總經理還必須創造合適的工作環境，為自己員工的個人發展提供機會。總經理必須對有貢獻的員工給予獎勵。

總之，總經理必須停止做經理，開始做員工的教練以提高員工的責任感和生產力。這一轉變叫做業績輔導。

業績輔導是「以人為本」的管理方式。它要求你通過建立良好的人際關係和令人鼓舞的面對面交流來密切和員工的關係。它要求你不停地轉換角色，迫使你積極參予員工的工作，而不做消極的旁觀者。業績輔導更多地依靠良好的提問、傾聽和協調技巧，而不在分派任務、控制結果。

業績輔導流程首先應在你與員工間創造出一種健康的工作關係，以增強人們的責任感，從而改善業績、提高生產力。

讓我們把這個定義拆開來分析一下。積極的工作關係對各方都有利。所有成員都能得到自己期待的結果。但要記住，這是一種職業關係，而不是私人關係。「增強責任感」是指員工為了自己團隊或整個企業組織的目標作出個人犧牲。要實現這一點，務必要把團隊、部門或企業組織的目標講清楚，提供必要的培訓，並允許員工對涉及自身工作的決策擁有更大的影響力。

員工如果能對企業的經營結果享有一份主人翁精神，就會像主人翁一樣工作。你有責任培養員工這種主人翁態度。

運用業績輔導有 4 個階段。在同員工交流的過程中，你將扮演以下 4 種角色之一：培訓、職業輔導、面對問題、做導師。每種角色結果不同。

1. 培訓

這種角色要求你扮演一對一的教師。你有責任就最終會影響員工成長的問題與他們共用信息。所有業績都是通過人取得的，所以你必須對員工的發展負責。不要把公司的培訓交給外來人，因爲他們不對員工的業績負責。

2. 職業輔導

作爲職業教練，你需要幫助和引導員工深入地就其現在和將來的職業發展道路探索其興趣和能力所在。你得幫助員工考慮替代方案，決策有關職業發展問題。你還需要讓所在企業組織瞭解員工的職業發展觀，以便使企業作出相應的計劃安排。

3. 面對問題

要提高業績，必須得面對問題。首先，你應該要求員工改進業績。換句話說，你需要讓員工在成功的基礎上做得更好。其次，你需要令員工由差勁的業績升到滿意的業績。直接指出員工業績欠佳無異於訓斥他們。因此，你必須學會不帶批評地告訴員工需要改進業績。

4. 做導師

做導師的主要目的是促進員工職業生涯取得進一步成功。作爲導師，你應該指導員工解開企業組織中的種種難解之「謎」。你要引導員工渡過企業組織中的種種危機，幫助他們培養處世能力。做導師與做職業輔導有所不同。導師需要源源不斷地就企業組織的目標與經營觀爲員工提供信息和見識，他們教導員工如何在企業組織內發揮作用。此外，在員工遇到個人危機時，還要充當他們的知己。

35

掌握員工的「晴雨表」

作爲總經理，或許你眼中的員工仍舊都同往日一樣神采奕奕，笑容滿面，工作起來也格外投入。但你要意識到這有可能是一種虛假狀態，也許其中有人就正在使盡全力保持自己的神采與笑容，但他們並不是以最佳狀態從事工作。他們和你不一樣，處於低谷狀態的你可以借身爲總經理的尊榮發一發脾氣甚至將手頭的工作棄之不理，但他們仍舊要像往常一樣工作。所以他們有著比你更大的生存壓力。在這種情形下，如果你能經過仔細觀察，對處於生命狀態低谷的員工給予理解和愛護，那麼對方一定會以今後的十二倍努力來回報。

生命科學家對人的機理狀態進行過研究，認爲人的精神狀態週期大多是一個月，長不過數天，短的也不過數天。這就是說如果你覺得今天的情緒非常糟，即使沒有紛繁複雜的工作來打擾你，你也要仔細對待一個月的這幾天。如果你恰好在那幾天中去洽談一樁非常重要的生意或是面臨人生最重要的選擇，那麼你最好將其改期，或者事前做好週密細緻的準備，以備不時之需。如果有可能的話，你甚至可以設想一切可能出現的情況並想出解決的辦法，爾後在實踐中靈活應用，從而解除生命

狀態週期對你的威脅。

每個人都喜歡而且渴望得到別人的欣賞和認可，希望自己的存在價值能夠在這個充滿激烈對抗和競爭的社會中得到認可。因此，人人都在拼命地努力工作，即使他們已經做得很出色，但仍然不斷努力。畢竟，每一個人的初有所成都要付出很大的艱辛，輕易割捨不得。不管你是不是一個非常開明、能夠體貼員工的總經理，員工們也不願或不敢輕易放鬆。即使是他們正處於這種無法解脫的生物鐘休眠狀態，他們也要咬緊牙關堅持下來。因為他們要努力保持自己在你心目中的好印象。這將關係到他們的提職、加薪和年終評估的優劣。這時候你是怎麼做的呢？你是不是仍舊以他們在你印象中的能力標準來要求他們呢？你是不是會為他們所犯的，而你卻認為不應該在他們身上出現的小錯誤而大發雷霆呢？體味自己的細微變化，轉而關注你的員工，這才是最高明的總經理。

美國著名管理學家、傑出的管理者艾柯卡作為管理人員，最得意的事情，就是看到公司裏那些智商不算太高的人提出的一些建設性意見被採納而容光煥發。

艾柯卡在管理中，有一條相當精到的經驗：員工心情好，就應當鼓勵他積極進取，多做事情，員工情緒欠佳的時候，就不要讓他太難堪，否則他或許一輩子也興奮不起來。他認為：要讚揚某人，最好是用白紙黑字寫下來；若要訓斥某人，則要用打電話的方式，不留痕跡。

艾柯卡作為管理者，非常重視每個人的積極性。為了使整個公司興旺起來，使公司的一切部門正常運轉，他總是努力激

發每個人的積極性，但又不可能面對每一位員工，這樣，他就激勵他的副手，他的副手再激勵他的部下，如此層層遞進，於是使整個企業士氣高漲、幹勁十足。

艾柯卡曾以橄欖球隊的團隊協作精神來說明公司的協作精神，他認為，指揮一支球隊和領導一個大公司實際上沒有什麼兩樣：在球隊中，除了球員懂得比賽的基本要求、基本技術、比賽規則而外，最重要的是球員之間應當有一種彼此友愛，打球時全身心投入，身上的每一塊肌肉都開足馬力——可以稱之為集體精神的東西。具備這些特徵的球隊就一定能天下無敵，一個公司也應當如此。

艾柯卡總是在管理的過程中，鼓勵和培養這種團隊的精神。這是他成功用人管人，創造管理奇蹟的關鍵。

作為總經理，應該懂得，處於生命週期低潮的員工特別敏感，非常脆弱，容易陷於精神崩潰的狀態，這將對他以後的工作積極性造成某種程度上的傷害，同時也會產生一定的工作壓力。

試著去接近他們。放下手頭的工作和他們交談，消除他們的恐懼心理，使他們暫時遠離手頭工作的煩惱。

對於狀態欠佳的員工，一些一直由他負責的工作仍要交給他去做，否則他會覺得你已喪失對他的信任，這將傷害他的自尊心。但你可以不去催他完成這些工作，而要告訴他時間還很充裕，而且還要告訴他如果他在一個星期以後（事實上正常情況下，他只需一到兩天就足夠了）還不能把你交給的工作完成，那麼他將會面臨被解僱或減薪的處罰；同樣，一些你本打算交由

他去完成的工作也應改交他人或由自己去完成，你甚至可以把已做完的工作結果或是自己的工作設想擺在他面前，誠心誠意地聽一聽他的評判，這將對他極其有益；可以利用閒聊的時候把你自己處於低谷時的情形講給他聽，對他說這種情形在所難免；午休的時候，你應該讓大家適當地放鬆一下，而不是繼續埋頭工作，你可以點名讓他加入進來。

作為總經理，撫慰情緒低落的員工的過程絕不可少，這有利於員工繼續保持自尊心和自信心，更會增強對你的信賴和支援，以更出色的工作成績來回報。

處在低迷狀態中的員工，體力、腦力和精神狀態都無法和正常情況相比，即使他再努力振作精神也於事無補。這種情況下就需要做總經理的你進行適時適度的激勵。分配適當的工作交給他去做，合理把握這些工作的難易程度，讓他能夠完成卻又不至於太過簡單，以為你在憐憫或輕視他；以前他取得過很多的成績，但你只當著他一個人的面褒揚了他，有的事情他的同事還不知道，你可以把這些成績提出來對他進行公開表揚；他已經極度煩躁，甚至喪失了自己的信心，你不妨努力使他靜下心來或是採用激將法，但切忌過度。

同是這些法則，不但能更好地管理好處於生命週期低潮的員工，而且能激發那些水準相對較差的員工的進取之心，實際上是一舉兩得的。

36

總經理必須具備創新開拓能力

　　管理工作是一種綜合的創造性活動，需要有冒險意識，需要總經理具有不斷進取的創新開拓能力。尤其是在科學技術迅猛發展、信息瞬息萬變的今天，總經理如果缺少創新開拓精神，就無法跟上形勢的變化。

　　不斷進取的創新開拓能力，是總經理必須具備的能力之一。沒有開拓創新的能力就只能因循守舊，墨守成規，工作就自然沒有起色。有了不斷進取的創新能力，永不衰竭的進取心，任何艱難困苦、落後保守都不能阻擋企業前進的步伐。

　　美國第 32 任總統羅斯福就是一位極具創新能力的政治家。

　　1929-1933 年，資本主義世界爆發了一場迄今為止最嚴重、最持久的經濟危機。當時的總統胡佛只知道墨守成規，還是一味推崇亞當‧斯密提出的 100 多年來對資本主義經濟發展起過重大推動作用的「看不見的手」理論，奉行自由放任的經濟政策。

　　1932 年在競選中，胡佛除了毫無根據地發表盲目樂觀的演說外，拿不出任何新政策來擺脫經濟危機。而羅斯福則針對美國經濟危機，深刻地分析其原因，大膽提出「為美國人民實行

新政」，要用政府力量調節和改革經濟。

後來，他採納凱恩斯理論徹底放棄自由放任的經濟政策，實行國家干預經濟政策。

羅斯福總統爲美國人民實行的新政，是一種超凡大膽創新之舉，「新政」使美國逐步擺脫經濟危機，獲得新的經濟增長，也標誌著資本主義世界自由放任經濟時代的結束，國家調節干預經濟政策的開始。

羅斯福的新政，也是他能夠成爲 200 多年來美國最具影響力的總統的原因之一。

由此，我們可以看到，每一個成功的人都需要具有開拓創新能力。胡佛總統在經濟危機面前正是缺乏創新能力，墨守成規，所以連任競選失敗。而羅斯福正是依靠他的創新能力，當上總統。

很顯然，跟著別人跑，只能是第二名。這說明要敢於超過跑在前面的人，才是強者。

如何才能跑在前面呢？那就要靠個性化的經營，靠創新意識。

總經理的創新一定要有自己的風格，否則談不上有自己的創新魅力。創新不能成爲「模仿者」，而是總經理在激烈市場競爭中，根據自己的風格對產品進行各種改進、變換和擴充，使產品更有應變力和競爭能力。

現代人追求的是個性，企業發展也要有自己特色。

的確，沒了個性，沒了特色，變得與眾人一樣，豈不無聊。

同樣，總經理和部下的關係也要有一種特殊的風格，既不

同於作威作福，也不同於絕對服從，甚至逆來順受。

大家都知道，馬術的最高境界是「鞍上無人，鞍下無馬」，這正是鞍上有人，鞍下有馬的極致。

而達到這一極致，則是人與馬不斷衝撞，控制與反控制，動用利益與恐嚇交錯的手法，使人的統治術與馬的反抗達到一種默契與和諧，最後達到較高境界。同樣，總經理與部下之間難免會有磕磕絆絆。無法容忍部屬反抗的總經理，愚蠢至極；而不知反抗總經理的部下，則全無智力可言。

因為這種反抗像新鮮血液，它能使僵化的機體重新活躍。如果只有總經理一人說了算，部下只會被動地服從，那麼這樣的機制早已失去活力。

反抗可以改善總經理與屬下的關係。

總經理指揮手下眾多兵馬，難免有時不公正或無故挑剔，影響了上下之間正常關係的發展。而部下的反抗則給總經理打了一針清醒劑，提醒他懸崖勒馬。

因此，總經理與部下之間應該達成有反抗又有妥協、有和諧又有衝突這樣一種獨具風格的關係，它能使上下之間的關係永遠充滿活力。

大部份員工通常怯於發表自己的新觀念。對這些人，除非先鼓勵他們培養自信心，否則很難讓他們的創造能力完全發揮出來。要讓員工對自己有信心，最好的方法便是對他們表示信任。有些人在這一方面很需要特別幫助，美國卡耐基訓練中心的溝通和人際關係課程，可以幫助他們在這方面的發展。

總經理可以協助員工克服發揮創意的障礙，其中之一便是

「順應環境」的習慣。他們不想有與眾不同的思想，正如他們不想在衣著、言談、舉止方面與別人不同。我們要讓這些人多多接觸一些新思想。事實上，許多發明往往是一些有勇氣破除舊習或反抗傳統的人所做出來的。

要鼓勵員工培養創意性思考，總經理應隨時注意傾聽他們所表達的新觀念。無論這些觀念如何荒唐可笑，都不可速下結論。要審慎地與當事人做進一步討論，看看是否能發現該觀點的好處來。在你評估意見的時候，要先稱讚員工提出意見的積極態度。若有需要批評的地方，也應採用肯定的態度，千萬別對其表示輕視，這樣會永遠扼殺了此人的創意。

發展創意性思考的另一障礙，是許多人一旦決定做事的方法，便不願輕易改變。這些人對不同的意見往往固執地封起雙眼和耳朵。戴爾‧卡耐基曾說過：「時時敞開你的心靈準備接受改變。要歡迎它，取悅它，要一再檢驗你自己原有的意見和看法。」這是所有總經理應該遵循的原則，也應該鼓勵員工這麼做，如此才能開發出所有人的創造性來。

營造起接受新觀念的氣氛，鼓勵員工讀書或參加研討會，讓他們參與其他富有創意性的活動。這些努力有朝一日必有收穫，員工的創意性貢獻必可使公司成長。更重要的，這些貢獻新觀念的人也會一同成長，並更具活力，更有成就感。

根據美國參加「卡耐基經理人領導訓練班」的學員報告，不計其數的意見每年為許多公司節省了成千上萬的金錢和時間。尤其是各種創新的意見，使他們得以經由各種方法和系統，從而完成自己的工作目標。

37

鼓勵員工的創造力

富有創造力的人若要全身心投入工作，就必須對所從事的研究項目滿懷興趣。你必須使員工對所從事的工作保持濃厚的興趣，否則，他們會喪失動力，因而也就不能發揮本身的潛力。

確保所有從事某個研究項目的人——不管他們參與整個項目還只是其中一小部份——均目睹工作圓滿完成。他們需要分享工作完成後的輕鬆感，以及圓滿完成工作的成就感。

一家醫療公司的科研開發部主任要求他的研究人員與顧客之間存有緊密的聯繫。這不僅使他們瞭解顧客的需要，而且當他們研製出一種成功的產品時，也可使他們領略到這份成功的喜悅。

另一位經理總是要求他的研究人員同時從事短期、中期和長期的研究項目。這樣，他們就能不斷體會到完成工作後的成就感。

當某人提出一個不俗的研究設想時，便應委以重任和給予資源以完成這項工作。委任革新者不僅能激發他的工作能力，並能證明他能否承擔更重要的責任。

大部份富有創造力的人往往通過自己的信仰方式獲得成就

感和滿足感。他們自我激勵，但別人賞識他們完成的工作也是同樣重要。對於管理人員而言，若要以非正式形式經常讚賞員工的工作，最有效的方法之一就是經常深入基層。這有兩個好處：第一，它能使你瞭解每項工作的進度及所出現的問題，以避免意外的重大損失。第二，它使你有機會向你的員工回饋。

當你到各個辦公室巡視時，要多說些鼓勵性的話。告訴其他員工某組同僚的工作的重要性，要嘗試每天稱讚不同的員工。這些措施對激發員工的積極性和生產率，往往有令人驚訝的影響。

富有創造力的人需要一個不拘形式的工作環境，以便自由地彼此閒談某個概念或問題。他們同時需要避開存在於各個部份或辦公室的干擾。大部份人都需要有私人的，或至少私人的工作環境。革新者的創意價值是難以計算的，因此他們常常比其他部門的員工獲得較少的加薪和獎金。但富有創造力的人需要感到他們及所從事的工作與別人的具有同樣價值。作為他們的管理者，你應竭盡所能為他們爭取津貼和福利。

一旦有人提出創新的意念時，就應從該創新事物為公司賺取的利潤中，提取一部份獎勵他。從長遠來看，這種政策具有極大的激勵作用。

富有創造性的工作往往需要每週工作 60 至 70 小時。在這段期間，靈活的利用時間是非常重要的。如果你的處理手法欠缺靈活，就有可能毀掉你最重要的資產。你應謹記合作是雙向的，如果稍有延遲就對他們加以制裁，那麼下次當你需要在限期內完成任務時，他們可能會拒絕超時工作。

一些富有創造力、甚至是具有超凡創造力的人，往往並沒有充分發揮他們的潛力。根據無數研究的結果所得，大部份人一般只發揮 20%～30%的能力。但若能激發他們的工作熱誠和動力，就能發揮 80%～90%的潛力。由於不少員工沒有盡展所能，而導致喪失了多少生產率、流失了多少科研成果，這些損失都是無法估計的。

員工未能達到預期的目標，可能是由於以下三個原因：首先，員工本人是否願意幹好他的工作？其次，他是否懂得怎樣去幹？第三，他是否有機會發揮他的才能？

有時候，員工本身是希望能幹好他的工作的，但這需要更多的信息和培訓。當你僱傭他時，你是否說明了你對他的所有要求，以及如何評定他的工作價值？他所接受的訓練是否足以應付工作的要求？此外，也許是由於超出他控制範圍內的因素而妨礙了他充分發揮潛力。例如，文書或其他部門的工作拖拉，也會直接影響他的工作。

以下三種方法可以提高他們的工作效率：

1.重新規定任務。有些時候，調派某人到另一部門是不切實際的行動。在這種情況下，你應根據他的能力來重新確定他的工作，以便其掌握。

2.提供額外培訓。公司可通過為僱員提供有效的培訓計劃，防止人才流失。

3.關心員工。你需要讓員工得知你關心他們。如果你未能使他們感覺到這一點，便會影響他們的自信心和毀掉他們的創造性。

38

與員工保持適當的距離

如果你離員工過於遙遠，你就會受到脫離、疏遠員工的指責；但是，如果管理者與員工的關係過於親密，會大大降低工作效率。因為離得太近，員工又會視你為孩子式的老闆，也許會失去對你的尊重。

應該與員工保持多遠的距離，的確是經理人員應當注意的問題，這個問題也難以處理。

不論怎樣，經理都不應該將自己與員工的關係延伸到一些親密的關係之中。而且，你也不大可能成為他們最親密的朋友，除非你具有一個充當顧問的職業技能，否則，你就冒著一種很大的風險。每個人的週圍都有一種無形的界限，不可逾越，這是一種私人的生活界限，一種感情的界限，他們不願向外面的人透露。你應儘量使自己與員工具有某些相同的興趣，但你更應該限制自己的興趣範圍和程度。

在日常工作中，你往往容易受那些你喜歡的人的吸引。同樣地，那些喜歡你的人也容易受到你的吸引。我們在工作中與那些喜歡的人在一起花的時間要更多，相互之間瞭解得也更多，這種瞭解也將我們之間的距離拉得更近。所以，你要經常

提醒自己，防止陷入一種情感的困擾之中。你要學會認識這種危險的信號，收住自己的腳步。

　　警告自己不要自欺欺人地以爲自己花更多時間與某些員工在一起完全是出於工作的需要，絕不帶有個人的偏向。當你靠近個人情感的界限時，應仔細考慮一下其後果。一旦逾越，事情就可能變得無法控制。

　　與員工在工作中靠得太近，還會有其他的危險。你個人的威信可能大打折扣。一旦你越過這一界限，會給員工造成這樣一種印象，就是當你作出一個困難的決定時，他們以爲你會站在他們一邊，如果你的決定與他們期望的相反，他們會以爲你背叛朋友。你不應該與自己的員工以及上司保持一種過於親密的個人關係，這種友誼會給工作帶來不便。

　　你與員工相處時，應該保持職業習慣。當你去看醫生時，你總是希望醫生對你的病情特別對待，但從職業來講，醫生不會對你表露任何個人情感因素，他只會把你當成病人。這正是經理所需要的職業習慣，你在工作中要保持客觀性。當然，也不是絕對不能表露自己的觀點、主意和正常的情感，要注意的是界限。

　　經理不應捲入員工的愛與恨之中。當你從自己喜歡的員工面前走過時，提醒自己，時時詢問自己的動機，避免與他(她)顯得過於親密。

　　與員工保持適當距離並不是要管理者整日「神龍見首不見尾。」相反，當員工需要你時，還讓他們隨時可以找到。

　　有些員工完全可以脫離自己的老闆，單幹至少幾個星期。

他們不需要時時請示老闆就可以完成被要求去做的事情。但是這種從自我開始、自行解決問題、自由完成工作的員工是極少見的。大多數員工需要與老闆在一起，需要老闆為他們指引方向，提供支持，作出回饋，給予讚許。可是，長期與員工泡在一起，又會使員工養成一種事事依賴於你的習慣。因此，經理人員應當在某種程度上脫離員工，但是要讓員工在需要你的時間能找到你，並鼓勵員工不要過於依賴你。

如果經理不與員工經常接觸，員工出現問題時根本找不到你，那就會失去控制，無法作出決定，致使緊急問題遭受拖延，後果是很嚴重的。因此，你應當在員工需要你時可以被他們找到。這種關係的頻繁程度取決於員工所處的環境。有些員工需要的時間可能比別的員工要多一些，在你確定這種可得性的合理程度時，問題的複雜性、任務的性質、所具有的壓力、個人的能力等因素都要考慮在內。

讓員工可以隨時找到，是一種可得性，並不意味著你要露面。可得性意味著在員工需要時你可以出現或聯繫上。這種需要無法預知，只能是在溝通基礎上產生的一種直覺。你要將員工放在首位，讓他們可以隨時打電話給你，出現問題時可以找你。

你還要讓員工知道，不必太依賴於你，告訴他們完全有能力自行解決某些問題。要讓員工的心態平和，只有在出現危機需要緊急援助時，才和你聯繫。對於一些小問題，就可以自行解決，不必依賴於經理。

你還要讓員工知道什麼時候找你最為合適，保證他們能夠

根據你的時間安排來控制他們的需求。最好是為你的員工提供一種在什麼時候可以找你的規律，這樣可以避免出現相互衝突的時間安排。比如你可以讓他們知道你可能每天上午 8 點半到他們面前走走，或者在每個週末的下午 3 點半以後會見他們。

心得欄 --

39

熱忱是領導者的力量源泉

只要你對某一事業感興趣，充滿了熱忱，長久地堅持下去就會成功，因為一生中賦予你的時間和智慧足夠你圓滿完成一件事情。

一個熱忱的企業領導者，無論是在從事什麼工作，不管是處於順境還是逆境，他都會認為自己的工作是一項神聖的天職，並懷著深切的興趣。對自己的工作熱忱的領導者，不論工作有多少困難，始終會用不急不躁的態度去進行。只要抱著這種態度，任何總經理都一定會成功，一定能達到目標。愛默生說過：「有史以來，沒有任何一件偉大的事業不是因為熱忱而成功的。」事實上，這不是一段單純而美麗的話語，而是邁向成功之路的指標。

熱忱是一種意識狀態，能夠鼓舞及激勵一個領導者對手中的工作採取行動。而且不僅如此，它還具有感染性，不只對其他熱心人士產生重大影響，所有和它有過接觸的人也將受到影響。

熱忱和人類關係，就好像是內燃機和火車頭的關係，它是行動的主要推動力。比較完美的領導者就是那些知道怎樣鼓舞

他的追隨者發揮熱忱產生的激情的人。

　　成功的企業領導者知道，熱忱並不是一個空洞的名詞，它是一種重要的力量，你可以予以利用，使自己獲得好處。沒有了它，你就像一輛很快就沒有電的電車，隨時都可能拋錨。熱忱是股偉大的力量，你可以利用它來補充身體的精力，不斷地充電，並形成一種堅強的個性。發展熱忱的過程十分簡單。首先，從事你最喜歡的工作，或提供你最喜歡的服務。如果你因情況特殊，目前無法從事你最喜歡的工作，那麼，你也可以選擇另一項十分有效的辦法，那就是，把將來從事你最喜歡的這項工作，當作你明確的目標。

　　請記住：熱情就是成功和成就的源泉。你的意志力、追求成功的熱忱愈強，成功的機率就愈大。

心得欄

40

充滿信心的總經理

　　一位成功的總經理，應該瞭解「自信是成功的法寶」。只有具有了自信心，才決定開始行動，才能言善辯，才能得心應手地處理手頭的工作，才能在下屬面前樹立起優秀的總經理形象，才能泰然自若，並能隨心所欲地思考，能按邏輯次序歸納，能在公共場所或社會人士的面前侃侃而談，言談富有哲理而又讓人信服。而這一切都是自信在起著關鍵的作用。

　　成功的信念是首要條件。成功意味著許多美好、積極的事，也是任何一位管理者所終生追求的目標。人人都想成功，人人都不願失敗，可是怎麼才能獲得成功呢？「堅定不移的信心能夠移山」。可是真正相信自己能「移山」的人並不多，結果真正做到「移山」的人也不多。一位充滿自信的人，就是一位能堅信自己可以「移山」的人；一位充滿自信的總經理，就是一位堅信自己能處理好手頭工作的人。來自耶魯大學的理查・漢克斯通過多年研究，得出結論：人們如果沒有一定的信心，他們就不能充分利用其手頭優良的工作條件，創造出色的業績。換句話說，激發的關鍵並不在於上司一方，而在於工作本身的性質、條件與個人的自信程度。

作爲管理者，許多經理都希望「登上最高階層，享受隨之而來的成功果實」。由於他們大部份都不具備必需的自信和決心，也就無法到達終點。但還是會有少數人真的相信他們總有一天會成功。他們仔細研究高級經理人員的各種作爲，學習那些成功者分析問題、解決問題和作出決定的方式，並且留意他們如何應付進退。最後，他們終於憑著「我就要登上顛峰」的堅強自信達到了目標。拿破崙·希爾曾這樣說過：「我成功，是因爲我志在成功。」如果你是一位缺乏自信的總經理，那就趕快行動起來，樹立成功的信念，記住：「心存疑惑就會失敗；相信勝利，必定成功。相信自己能移山的人，會成就事業；認爲自己不能的人，就會一輩子一事無成。」

充滿自信可以排除萬難。拿破崙·希爾說：「信心是不可替代的解藥。有方向感的信心，可令我們每一個意念都充滿力量。當你以強勁的自信心去推動你的成功之輪時，你便可平步青雲，無止境地攀上成功之嶺。」奮戰於商場中的許多企業家都有此種感受，失敗的折磨是痛的，但又不能像阿裏巴巴口中所喊「芝麻開門，芝麻開門！」那樣去獲得成功，因爲成功的道路上總是佈滿了荊棘。那爲什麼說員工總是喜歡充滿自信的總經理呢？原因在於他的人格魅力——自信。在實際工作中，一位總經理總是會碰到許許多多的問題，而這種情況下，是知難而退，還是奮勇直前？所有的一切，員工們都期待著經理來作決定。如果經理充滿著排除萬難的自信，必將奮勇前進。試想，有如此自信的總經理，員工們能不士氣旺盛嗎？

作爲總經理，永遠不要拋棄自信，因爲一個不「信」任自

己「心」靈力量的人，不懂愛護自己，未推己及人的人，是不會有什麼成就的。只有當信心融會，使潛意識轉變成強大的精神力量時，才能在無限智慧的領域內促成成功的實現，成為一位卓越的管理人才，成為一位深受員工歡迎的總經理。

心得欄
_____
_____
_____
_____
_____
_____

41

管理要講究層次分明

　　如果想做到公司管理有條不紊就要有層次。現代管理有著明顯的層次分別。像一個公司中有決策層、管理層、執行層。各層次都分有與之相對應的職責和權利：決策層負責企業的經營戰略、規劃和生產任務的佈置；管理層負責計劃管理和組織生產；執行層負責具體的執行操作。如果企業老闆不能正確對待這一管理中存在的客觀事實，便會在管理中不可避免地出現這樣或那樣的問題。

　　有一名廠長見到工人遲到就訓斥一番，看到服務員的態度不好也要批評一頓。表面上看他是一位挺負責的領導，而實際上他卻違背了「無論對那一件工作來說，一個員工應該接受一個老闆的命令」這樣一個指揮原則，犯了越權指揮錯誤。

　　員工的出勤本來是工廠主任的管理範圍，服務員的態度好壞是公司辦公室主任的管理範圍，廠長的任務則是制定企業的經營戰略和生產規劃，他管理的人員應是各工廠及職能科室的負責人。作為老闆，管得過多過細往往會打破正常的管理秩序，使管理處於紊亂狀態，影響公司的效益。對於員工來說，一會兒老闆說個東，一會兒主任道個西，前後指令不統一，令出多

門，奴重覆，會令他們無所適從。管理應具有層次，而企業領導在管理中應體現出這種層次，避免「越俎代庖」的現象發生。

聰明人喜歡自己思考，獨立行事，只有懶蟲、笨蛋才會事無巨細地完全受命於人。如果企業的老闆越權指揮，包辦一切，什麼都不放心，從企業的經營策略到工廠的生產計劃，再到窗戶擦得是否乾淨，他全管，這就恰好適應了那些懶蟲的心理習慣：他們不願動腦，不願思考，只需伸手，便可完成工作了，出了問題也不承擔責任。而此時正好有老闆事事都包攬，誰不喜歡這樣的「好」老闆？

美國有個叫漢斯的企業家在發展到幾家大百貨商場後，依舊採用小店鋪的老闆作風，對公司的上上下下，關切個透徹：那個管理者做什麼，該怎麼做；那個員工做什麼，該怎麼做，他都佈置得精微妥帖。而當他出外度假時，才出門一週，反映公司問題的信件和電話就源源不斷，而且儘是些公司內部的瑣碎小事。這使得漢斯不得不提前結束原準備休一個月的假期，回公司處理那些瑣碎的問題。

假如漢斯在企業管理中做到層次分明、職責清晰，怎麼會度不成一個安穩的假期呢？究其原因，在於他的管理有問題，滋養了部下和員工們的惰性，造成了事無大小全找老闆的缺乏思考和創造性的局面，以至於離了他，公司便無法正常運轉。就管理成效而言，這是一種十分糟糕的情況。

企業老闆全面管理、包辦一切的另外一個害處，是不利於激發部下和員工的積極性與創造性，不能盡人才之用。創造性只有在不斷的實踐中才能體現出來，而越權指揮的領導恰好就

截斷了通向創造性的通道,使員工和部下的行為完全聽從於個人的命令和指揮。長此下來,會使他們認為想也是白想,老闆一切都安排好了,即使有再新再好的創意也難見天日。

　　個人的創造性不能在公司創業的過程中得以體現,人也就無什麼積極性可言,慢慢地人就變成機器一樣,出了問題,出了毛病,便停止工作,只有等老闆趕來修好,才能繼續運轉,沒有一點的能動性。對於那些有才華、有能力的部下或員工,他們會比普通人更加迫切地希望體現自己的價值,而工作中卻處處得不到體現,在這種情況下,難免會有一種壓抑感,積得久了,就會遞個辭呈走人,這是可以意料的事。

心得欄 --------------------------------

42

總經理要具備果斷的判斷力

古往今來，成大事者都有一個共同點：處事果決，當機立斷。軍事家在戰鬥中果敢明斷就能把握戰機；企業家在商戰中果敢明斷就能無往不利。如果優柔寡斷，猶豫不定，良好的機遇一旦錯過，時不再來，悔之晚矣。

猶豫心理一經滲入總經理的決策心理，總經理將會陷入一種尷尬的境地，欲左顧右，欲右顧左，內心深處的矛盾衝突便會一點點逐漸在行為上表現出來，從而影響正常的管理工作。同時猶豫心理對總經理的情緒也會產生負作用，容易使人急躁不安，彷徨無措，導致被動和失敗。

有猶豫心理的總經理，在即將決策前，原本深思熟慮的投資方略和經過認真細緻制定的投資計劃，在決策時或是忽然間產生了自我不信任感或是受到外界因素的影響，會對自己已策劃完善的投資計劃發生動搖，很容易導致計劃最終得不到實施，喪失了獲取投資收益的大好良機。

在公司投資中，猶豫心理導致總經理瞻前顧後、決策不明、錯失時機的事情是很多的。這種現象有著一定的普遍性。公司投資過程是從產生投資動機開始，經過對自身主觀狀況和外界

客觀因素的綜合分析，然後據此分析結果做出決策，最終將決策內容付諸行動。猶豫心理往往是在馬上要行動的關鍵時候出現，使總經理改變決策或回過頭來重新思考。等到再一次確認原決策正確，應該實施的時候，外因或內因已經起了變化，所決策的內容不能再正常進行了。

　　國內某家用電器生產公司，與日本一家公司取得聯繫，並初步擬定了可行性方案，「雙方共同投資，日方提供技術，中方提供廠地、人員」。如果雙方達成協議合作成功，將對這個企業的經營和發展起到極大的推動作用。決策者認識到了這一點，仔細研究分析之後決定按計劃實施。可是就當協定即將達成的前夕，另一家同行業人士在似乎是無意接觸的過程中談起自己與外商合作而遭受了巨大損失的經歷。如此一來決策者馬上萌發了猶豫心理，對自己的決策產生了動搖，對前面做的各種分析開始懷疑，便找出藉口推遲了簽訂協定的時間。當他最終還是決心執行原計劃的時候，日方已與第三家同行公司正式簽訂了合作協議。原來這是兩家同行公司設下的圈套，利用他的猶豫心理，坐收了漁利。

　　猶豫心理不同於穩重、謹慎。猶豫心理的產生與生意人的氣質、性格、能力，以及個人修養等方面都是有關係的。

　　總經理應當明白：一個人出手時，既有獲勝的機會，也有失敗的危險。但是一旦決策好了，該出手時就出手。

　　一個公司不僅在如何正確決策時要果斷，在發現決策失誤時，也應立即採取果斷措施加以糾正，不應聽之任之，這一點，是尤為難能可貴的。

1.當你能夠做出迅速而準確的決策時，你手下的人就會信任你。爲了能夠做出這樣的決策，你必須廣泛收集材料加以分析，下定決心，在下達命令時，要對你做出的決策充滿信心，要表現出無論如何都不能失敗的樣子。

2.當你對你的決策表現出判斷正確、認識深刻的時候，人們就永遠會竭盡全力爲你工作。

如果你能在最不利的條件下進行邏輯推理並能不失時機地利用各種有利的條件採取行動，你手下的人就會尊重你高超的判斷能力和決策能力，他們會竭盡全力爲你效勞。

3.作爲一個總經理，你應該爲你的整個企業樹立起這種榜樣，表現出這種姿態。如果你對你的行爲有把握、有決心，那麼手下的人就會對他們的行爲有把握和有決心。他們自然就會成爲你的一面鏡子，在這面鏡子裏你可以看到你是一個什麼樣的人，你在做什麼，又是怎麼做的。

4.沒有自己做決定的能力是一個人遭受挫敗的主要原因，這不僅表現在商業及管理方面，也表現在人們解決個人問題方面。

由於市場環境的不確定性、偶然性，不僅給企業總經理帶來了危險與競爭，同時也帶來了希望與機遇。在激烈的市場對抗中，企業經理人假如不能發現機會，及時利用戰機，就不可能正確地決策。

43

輕鬆管理的六個技巧

企業管理凡是終日忙得不可開交的時候，甚至感到顧此失彼、忙於應付的時候，最好審視一下自己的管理手段和方法是否正確？是否需要進行一些必要的調整？

回想多年來管理企業的成敗得失，總經理要想輕鬆地管理企業，下面這幾項可能是應該遵循的：

1.要分級管理而不要越級插手問事

企業發展到一定規模後，要進行必要的分級管理。主要管理者不要「一竿子插到底」，那是「出力不討好」的事。對下屬的管理人員要在明確責任和獎罰的基礎上，讓他們有職有權。即使碰到問題，只要不是事關企業大局的事，也要所屬的部門自己去處理和解決。這樣，總經理不僅能從管理幾百人、幾千人甚至幾萬人的沉重負擔中解放出來，只要管理幾個人就能維持企業的正常運轉，而且能夠充分地激發下屬人員的積極性、創造性、主觀能動性和責任感，還可以有更多的時間研究企業的發展方向或重大決策。

2.多想、多看，少說、少幹

這是高明的總經理必須掌握的原則。千萬不要大事小事都

要事必躬親。許多時候，你只有站在一旁觀看，才能真正做到「旁觀者清」，而避免「當局者迷」，才能更公正、更有效地判斷是非曲直，才能真正看清那些事情是企業應該堅持的，那些事情是需要改進的。即使你比你的下屬幹得還要好，也不要事事都親自去幹。一個元帥如果必須親自去衝鋒陷陣，一個教練如果必須親自到運動場上去拼搏，不僅不能說明這支軍隊的強大和運動隊的水準很高，反而說明他將寡兵弱，可能離失敗為期不遠了。比如一台戲，如果是總經理在臺上又唱又跳，而企業員工則坐在台下觀看，還可以指手劃腳地挑毛病，這樣的情景就有點「本末倒置」了。輕鬆管理企業而又駕馭全局就要多當教練員少當運動員，多當導演甚至觀眾而少當親自登臺演出的演員。

3.大事聰明，小事糊塗

作為一個總經理，首先要分清什麼是企業的大事，什麼是企業內無關緊要的小事。凡是關係到企業發展和生死存亡的大事，一定要慎重對待，決不可等閒視之。而大事往往不是每天都發生的。對於那些雞毛蒜皮的小事，要讓下屬部門按照分工自己去解決，不要陷於繁瑣的事務之中而不能自拔。但是，也要敏銳地觀察和分析一些小事的起因和影響，不要因小失大。但是，一般情況下，不必親自去處理。

4.要豁達大度，不要小肚雞腸

「泰山崩於前而不驚，無故加之而不怒」是古人稱道的所謂大智大勇。總經理也要培養自己一種處變不驚的素質，以對付複雜多變的商業環境。即使企業陷入困境，也要有毛澤東那

種「大不了再上井岡山」的氣魄。對下屬，既要嚴格要求，又要適當容忍。不要聽風就是雨，也不要時時盤查，事事追究。必要的時候，也要睜隻眼、閉只眼，看見全當沒看見。只要不影響企業的重大利益，對一些事情不必去興師動眾地深查深究。水至清則無魚，人至察則無友。尤其是中層管理人員，還要適當照顧他們的「面子」和威信，以便他們今後更好地工作。人都有犯錯誤的時候，甚至會有「一念之差」。有些問題可能會越深究越麻煩，隨著時間的推移不少問題會自行消失和解決。如果總經理沒有容人之量，很難形成一個「團結戰鬥」的集體，也很難激發一切可以激發的積極因素。要知道：如果養活一班沒有缺點的「聖人」，是什麼事情也幹不成的。

5.管理企業不要頭痛醫頭，腳痛醫腳

企業的管理制度在頒佈之前一定要慎之又慎，頒佈之後不要朝令夕改。即使出現一些這樣那樣的問題也不必手忙腳亂。很多事情都是無為而治，改革初期，農村基礎組織癱瘓的幾年間正是農村經濟發展最好的幾年。企業管理也是如此，你越想管細管嚴，管得滴水不漏，反而會越亂。很多時候是「有心栽花花不開，無心插柳柳成蔭。」

6.不要事事追求「盡善盡美」

很多總經理，都想把自己管理的企業辦成一個非常完美的企業。實際上，這是不可能的。要知道，世界上的萬事萬物，完美都是相對的而不是絕對的。過分的完美無缺，往往就要走向反面，什麼事情都是八個字「適可而止，物極必反」。一個由來自四面八方的群體組成的組織，要想一點問題都沒有，那是

不可能的。

　　古人云：寧靜致遠，虛懷若谷。企業的領導者只有擺脫繁瑣的事務，才能站得高，看得遠，才能從更高的角度正確地權衡企業經營管理上的利弊得失，才能更好地考慮企業的發展大計和重大決策。當然，要輕鬆而高效地管理企業，實現某種程度上的「無爲而治」，也需要有一定的條件基礎。總經理要有理論知識和實踐經驗，要十分熟悉企業的人和事，還要有一定的肚量或胸懷。這樣，才能「熟中生巧」、「藝高人膽大」，從而實現輕鬆管理。因爲企業管理從科學到藝術是要有一個過程的。

心得欄

44

養成良好的習慣

做什麼事情都要有良好的習慣，做人如此，管理企業也是如此。我們時常聽到有些家長說，這樣的孩子就應該送到軍隊去鍛鍊鍛鍊，爲什麼不聽話的孩子到了軍隊就能變好呢？因爲，軍隊改掉了孩子身上的許多不好的習慣，使孩子具有了軍人的素質、軍人的作風。

軍人良好的素質來自於平時訓練，操練的目的不外乎有三點，一是增強體魄，二是學習戰鬥中的攻守技能，三是培養良好的作息習慣。

人類的行爲大部份是後天習得的，著名心理學家斯金納認爲，人類習得的行爲可以分爲兩類：

一類是經由巴甫洛夫的條件反射過程建立起來的，是對一定刺激的應答反應，這類行爲稱爲應答性條件反射。

另一類習得的行爲最初出現時並沒有明顯的刺激出現，也許有刺激，但不明顯，也許純粹是一種自發的行爲，這一類行爲稱作操作性條件反射。

操作性條件反射和應答性條件反射的區別主要在於以下兩點：

一是刺激在反射形成過程中的作用。

所有的應答性條件反射都可以用一個公式來表示：S-R(刺激─反應)。S 在行爲的形成中扮演至關重要的決定作用，在條件反射的訓練過程中，條件刺激總是伴隨著非條件刺激而出現。

在操作性條件反射行爲的形成過程中，刺激幾乎不起任何作用，操作性條件反射也可以用一個公式來表述，但不是 S-R，而是「反應─強化」，在行爲形成過程中起重要作用的不是反應前出現何種刺激，而是反應後得到何種強化。

二是強化在反射形成過程中的作用。

在應答性條件反射中，人們重視的是反應前的刺激，而不是反應後的結果，沒有人關心反應以後會得到何種結果，因此「強化」在這類反射行爲中沒有任何意義；但在操作性條件反射行爲中，強化才是最重要的。

斯金納認爲，如果人們在無意中做出某種行爲之後得到了獎賞，人們以後就會多做出這類行爲；如果人們無意中做出的某種行爲導致了懲罰，則以後會廻避這種行爲，會盡可能少做這種行爲。是行爲的後果而不是行爲前的刺激決定了行爲的保持或消退。

軍隊之所以能成爲世界上行爲方式最「模範」的區域，與以上兩種「反射」理論的認真貫徹有很大的關係。但到了企業，軍人的規矩就不那麼好立了，因爲情況變了。

首先，軍隊是一個相對較爲獨立的機構，它與外界基本上只保持一個信息交換點，其內部的管理方式是直線式的；企業則不同，由於經營的需要，它的對外信息交流管道盡量要多，

與此相對應，它的管理格局也複雜得多。

其次，軍隊和軍人的關係是「鐵打的營盤流水的兵」，官兵只能在部隊的大熔爐「冶煉」，而不是相反。企業與員工的關係則不這麼單純，它們之間存在著互動關係，一方面是企業改造著員工，另一方面員工也可以改變企業。

從這個角度講，企業在推行管理時勢必要碰到許多有形無形的阻力，管理只能在較量中前進。既然是較量，那就必須使力氣下工夫。

企業的規章制度一般都有，之後便是「蕭規曹隨」，只能達到「應答性條件反射」階段。

如此看來，企業的管理僅憑「刺激」還不行，還需要「強化」，通過「強化」來進行正負反饋，如此循環往復，良好的習慣應該可以慢慢形成。

亞里斯多德有一句名言，人反覆做什麼事，他就是什麼人。當管理者要求員工形成良好的習慣時，他們自己也就形成了良好的習慣，而當良好的習慣在企業的上上下下都形成後，管理者所希望的輕鬆高效管理也就不遠了。

45

建立一套好的制度

制度是總經理做好工作的一根標杆，沒有好制度，一切都會形同虛設。

18 世紀末，英國人來到澳洲，隨即宣佈澳洲為它的領地。但是怎麼開發這個遼闊的大陸呢？當時英國沒有人願意到荒涼的澳洲去。英國政府想了一個絕妙的辦法：把犯人統統發配到澳洲去。一些私人船主承包了運送犯人的工作。最初，政府以上船的人數支付船主費用，船主為了牟取暴利，盡可能多裝入，卻把生活標準降到最低，所以犯人的死亡率很高。英國政府因此遭受了巨大的經濟和人力資源損失。英國政府想了很多辦法都沒有解決這個問題。後來一位議員想到了制度，那些私人船主利用了制度的漏洞，因為制度的缺陷在於政府付給船主的報酬是以上船人數來計算的！假如倒過來，政府以到澳洲上岸的人數來計算報酬呢？政府採納了他的建議——不論你在英國上船裝多少人，到澳洲上岸時再清點人數支付報酬。一段時間以後，英國政府又做了一個調查，發現犯人的死亡率大大降低了，有些運送幾百人的船經過幾個月的航行竟然沒有一人死亡。犯人還是同樣的犯人，船主還是那些船主，制度的改變解決了所

有的問題。

這就是制度的力量。

在任何單位裏，都需要規章制度。一套好的規章制度，甚至要比多用幾個管理人員還頂用。

無論制定什麼樣的規章制度，事前都要詳細瞭解實際情況，整理分析各類問題，再制定規則，這樣才有意義。若徒具冠冕堂皇的條文，而與現實情形背道而馳，則無異於一紙空文。

因此，在規則之外，還要另定一項處罰違規者的條文，以約束他人遵守。

規則制定的目的是對一些職責不明的事項，定出一個明確的標準。因此，它時間性很強，同時也是爲適應時代環境而定出來的，絕非是千古不變的定律。再好的規章制度也是從出臺的那一天就開始老化，因爲一個單位和它的員工是隨著時間不斷發展變化的。作爲一套規章制度，必須適應這個變化，才能發揮好作用。當時代、環境發生了變化，規則本身也必須隨之變化。

因此，作爲一個管理者，必須時刻注意本單位的規則，發現不切實際或不合情理的要及時糾正，不斷改革，這一點很重要。可以這樣說，一個好的規章制度，必然是不斷發展不斷改革著的。這樣的規則是活的規則，只有活的規則才有意義。曾經有過這樣滑稽的規則，某單位以發生意外事故的多寡來決定是否表彰員工，這樣的規則如用在幾乎沒有危險性的工作場所，未免就不合情理。表揚無事故記錄的員工自然很好，但是要考慮各種不同的情況，對於有些人，工作本身就沒有危險性，

那肯定是要受表揚了。

　　總之，規章制度的建立、制定是隨著生產的發展、企業的進步不斷改變的，而不應該一成不變。一個有經驗的總經理要善於用規則管理員工。

心得欄

46

總經理別做「沒頭的蒼蠅」

　　在許多規模比較小，而同時其地位永遠沒有升級希望的公司中，你可以看見許多高級職員在拆郵件、理信件、遞字條，以及做種種低級僱員也能做得很好的事務。你會發現，公司裏彌漫著工作不規範和無步驟的氣氛。

　　作出種種這樣錯誤的、不經濟的、不適當的工作，就因為工作缺乏系統的緣故。

　　優秀的商人或經理，對於時間的規律與職員的能力有相當的研究。大部份的商人不善指揮與利用職員，不能使工作系統化，以提高職員的辦事效率。

　　工作沒有系統程序的商人，常因辦事方法的不恰當而蒙受大量的損失。他們不懂怎樣去處理和安排事務，他們往往作出重覆矛盾的事、不切合實際的事。他們的經營處處落於人後，他們不能改進這種糟糕的狀況，使一切都在混亂中。

　　有一位商人，曾將「缺乏系統」列為許多公司失敗的重要原因。

　　工作沒有系統，而同時想要大規模的經營的人，總是抱怨人手不夠。他們以為只要人手僱傭得多，事情就可以辦好了。

其實他們所缺少的不是更多的人手，而是更有效的工作程序。

他們辦事不得當，工作沒有計劃，沒有系統的程序，因此浪費了大量的職員的精力與體力。

指揮失調、毫無步驟和計劃的工作，決不能使任何機關、商店的業務有效率、有起色。而精細的計劃、簡單而有效的系統，卻能使中等的人才成就巨大的事業。

有這樣一個人，他真似一隻「沒頭的蒼蠅」，不管你在什麼時候去，總能看到他忙得喘不過氣來。他只能拿出幾秒鐘的時間來同你談話，假使你顯出要同他長談的姿勢，他會用他的手錶來提醒你，他的時間是寶貴的。他公司中的業務做得很大，但開支更大。他不懂得人工成本的原理，他只想僱傭更多的人以補救他的凌亂，補救他系統的缺乏。他有著一個無系統的頭腦，並且缺乏處理事務的能力。

結果，他的事務一團糟，他的辦公室如一間雜貨鋪。他老是忙碌，甚至沒有時間把手頭的東西安置好，即使有時間，他也不知道應該安置在什麼地方好。

這個人自己的工作毫無計劃和安排，卻只知道催促他的職員們，督促他們工作更加努力。於是，一切盡在混亂中：各人做完一件事後都不知道應該再做些什麼，假如去請命於他，他只會催他們盡力去幹；他不能發出固定、具體的命令，沒有工作計劃，沒有工作綱領；職員們各做各的事，各不相干，除了他常要去催促他們以外。

還有一個與他同行業的競爭者，卻從來不表現出很忙碌、緊張的樣子。他老是平靜安詳，永遠不曾慌張。不管業務怎樣

繁忙，他總有時間可以從容地招待你。在他的公司辦公室中，一切都有條不紊。大家似乎個個不忙碌，然而事務卻進行得很順利，沒有混亂，沒有矛盾的工作，也沒有不必要的重覆工作。

他每晚清理他的寫字桌，重要的信立刻答覆，定貨單趕快填發，所以他的業務情況非常好，然而別人從外表看來，總是意想不到的。一切事務的進行，整齊得像鐘錶的轉動一樣，因為他能用他的頭腦；他能指揮他的職員，能系統化地安排他公司中的工作；甚至連每個學徒，都能感覺到自己是那大系統中的一部份。各人都照著一定的程序工作，因此一切淩亂的狀況都消除了。

時間沒有浪費，人工沒有浪費，辦公室中不慌張、不淩亂，這位條理井然的經理，給人以一種力量、平衡、安詳的印象。他不是常常埋頭勞累不堪地傻幹，一切瑣事也不是事事親為。

工作能有系統，則愈能有效利用時間。他的事務按照程序進行。他的業務成功，不在於他每時每刻都去監察、督促他人，而在於他能支配指揮他人，在於他能訂下工作計劃，然後由別人來執行。

今日世界是思想家、計劃家和謀略家的世界。只有沉著穩健、能訂立計劃並有力量執行的計劃家，才能得到成功。頭腦不清楚、辦事無方法的人沒有立足的餘地。我們必須有計劃、有系統！

47

總經理一旦精力集中，效率立即倍增

有人問拿破崙打勝仗的秘訣是什麼。他說:「就是在某一點上集中最大優勢兵力。也可以說是集中兵力，各個擊破。」這句精闢的話道出了集中精力對於成功的重要性。

許多勤奮人工作不可謂不努力，工作時間不可謂不長，但就是成效不大。而他們自己也清楚，效率不高的原因是他們的精力沒有得到有效的集中，這常常是他們自責的原因。他們一直在忙活著，而實際上，工作、學習的內容沒有多少進到他的腦子裏。這實際上是工作方法的問題。

要想真正成功，我們必須集中精力，全神貫注。你要提高辦事效率，就必須減少干擾。如果你在一個小時內集中精力去辦事，這比花 2 個小時而被打斷 10 分鐘或 15 分鐘的效率還要高。當你受到干擾之後，你還得花時間重新啟動你的思維機器，尤其當你受到幾個小時或幾天的干擾之後，就更需要較長的時間來加熱思維機器。這無疑對效率是有極大損害的。這也就是為什麼有的人整體很忙，卻總覺得自己的時間不夠用。對於很多人來說，集中精力比較難，因為他們容易受到干擾。一切都可能成為干擾：一項體育活動、熱點問題、某些生活情形、與

同伴的爭執甚至生氣等等，不一而足。比如有的人在雨天不能有效工作，是因為「陰雨天影響情緒」。如果你將自己的時間主要花在應付干擾和瑣碎的事務上，你永遠無法真正駕馭自己的生活。

由於我們生活在一個複雜的社會群體之中，所以任何人都無法完全避免干擾。勤奮的人也許要說，有很多干擾是我們拿薪水必須做的事情啊，例如和顧客談話、答覆員工的問題、接聽老闆的電話——這些都是分內的工作，是不能避免的啊。儘管如此，我們仍然能夠盡量減少干擾。

首先，缺乏效率的勤奮人應該仔細地打量自己的工作和學習環境。精力無法集中的人，自稱要消除精神疲勞、改變心情，常常會在寫字臺週圍擺上各種不相干的玩意兒，實際上這些東西無形中也對你形成干擾，儘管是不易察覺的。這時候，辦法只有一個，除了達到當前目的所必備的東西之外，不讓自己看其他東西。

有很多勤奮人缺乏效率，恰恰是因為他們想有更高的效率，也就是他們想同時做太多的事情，結果卻欲速則不達。如果有人堅持要他們一次只做一件事，他們會說：「但是這些事情都很重要。」有的時候許多事情確實都很重要，不過你還是不能一次同時解決，除非你授權給別人去做。這是很值得我們反思的。

而且在做一件事情時，用多少時間並不重要，重要的是你是否「連貫而沒有間斷」地去做。有些問題你應該集中全力去解決，有些問題你可以採用一點一點去做的方式。

成功的作家都認識到集中注意力的重要性。現代多產小說家之一，法國偵探小說作家喬治‧西默農在寫書的時候，就把自己完全和外界隔絕開來，不接電話，不見來訪的客人，不看報紙，不看來信。正如他說的，生活得「像一名苦行僧」。在他完全沉浸於寫作大約 11 天之後，他出來了，並完成了一本最暢銷的小說。

俗話說：「一箭雙雕」。在某些情況下，我們同時做兩件事情也是可以的。但很多勤奮人狂熱地想獲得每一分鐘的最大效用，時時都想同時去做幾件事，這樣就不太現實了。

歌德說過：「有一件事是你總能預想到的，那就是不可預見之事」。干擾總會有的，我們應該學習如何對待它。多數干擾初看起來似乎比實際上要重要得多。而實際上很多干擾是我們完全能否認的。

另外一些我們至少在當時可以否認，也就是說，我們完全可以心安理得地將其先擱置一旁，以後再去應付。還有一些則需要我們立即關注並騰出時間來處理。既然你總是不得不面臨一些「無法預見」的燃眉之急，你應該立即採取預防措施。

比如，一個計程車司機，每個冬天總會由於還使用著夏季輪胎而有幾次在雪天無法出車。你會如何評價他？你會說：「他應該早作打算。」正如某些地區每個冬天都會下雪一樣，如果我們能對可預見的情況早作打算，很多干擾就可以避免。

當然，誰也不能預見每個意外。生活不是一個完美計劃的機械寫照，不會按部就班地運行。有時會出現燃眉之急，要求我們立即處理。緊急情況出現的可能性較高以致每週甚至每天

都發生。關鍵在於，他們應該把這些干擾納入計劃，而不是讓它們來瓦解計劃。要麼你圍著干擾轉，要麼讓干擾跟著你轉。

　　勤奮的人應該懂得在日程表中安排一個專門處理干擾的時間。為此每天至少應該安排兩個小時。如果不出現問題，你就贏得了額外的時間。無論如何，你不要讓干擾延遲了你所計劃的結果。同樣，你也可以每 14 天安排 1 天專門處理干擾，或是每 6 個月安排 3～5 天。如果可能，你可以聘請某人，替你處理那些可由他人代你應付的干擾。這些都是很有效的方法。

　　總之，勤奮人應時刻記住，花多少時間做事情並不是最重要的，關鍵是做事的品質，也就是做事時集中精力的程度是更為重要的。

心得欄

48

辦公桌上只保留那些特殊的文件

一位總經理信奉這樣一種管理理論:「你扔掉了什麼,你就是什麼樣的人。」他認為,在公司垂直管理機構中,一個人所處的地位越高,他把桌上文件清理出去的權力就越大。

在他的管理方案中,經理助手、秘書和一般職員位於公司管理體系的最底部,因為,他們必須保存他們職責範圍內的所有文件。

低級管理人員位於公司管理體系的第二層次,因為,他們必須每天閱讀上面發下來的各種文件,並且要及時作出回饋。而且,他們通常也必須保存這些文件,以備萬一什麼時候上面有人問及諸如將來的約會安排之類的事情,他們能夠及時作出回答。這些管理人員一般也沒有什麼下屬,所以他們也就沒有什麼辦法把這些工作委派出去。

如果極端一點地說,這位經理的理論就等於是在暗示這樣一個結論:公司總經理應該把一切文件都扔給下面的人去處理。實際上,這種結論是有一定道理的。

據調查,美國公司總經理中大多數都是非常有效率的,他們的辦公桌嶄新如初,整齊明亮,沒有那種文件堆放得零亂不

堪的情況。或者可以這麼說，他們的辦公桌上根本沒有什麼文件，一般只有幾張必要的照片、小裝飾物、鋼筆、鉛筆和筆筒以及一部電話，也許還有一個記事簿。很少見到他們的辦公桌上有那種只有在一般管理人員的辦公桌上才能夠見到的文件堆積如山的場面。之所以這樣，原因之一就在於，他們是公司的老闆。他們很清楚應該把那些工作推出去給手下人去做，把那些工作留給他們自己。

一個管理人員必須做的第一件事情，就是去判斷一份文件是否值得保存下來。在作這個決定之前，他必須非常明白，到底那些文件對他是十分重要的，那些文件對於他未來事業的成功是至關重要的，那些信息是他在未來赴約時所需要知道的。要解決這些問題，他必須優先考慮而且要慎重考慮他打算在下個星期、下個月或者下個年度要完成什麼指標，而不能只考慮下個小時或下一天要做些什麼，換句話說，他的大腦應該條理很清楚。在這種意義上，你保留了什麼，你就是什麼樣的人。一位富有效率的總經理把那些應該保存的文件分為 3 類：

1.如果一個管理人員在一份文件中許諾要做什麼事情，那麼就把這份文件保存下來。比如，一個管理人員在寫給你的報告中說：「我有一個創意。這個創意一年將花掉我們公司許多錢。但是我敢保證，這個項目將會在 3 年後給我們公司帶回來 5 倍於投入的收益。」如果是這樣的話，你應該把這份報告放在有關這個人的檔案文件中。因為當一個人許諾要做什麼時，他通常會很快就忘記他的許諾，尤其是他的許諾沒有實現的時候。但是，把這些文件保存下來是最有價值的管理方法之一。

這樣，在兩三年以後，當那個創意沒有帶來任何收益的時候，或者乾脆就失敗的時候，或者他的創意僅僅是帶來了一些邊際收益的時候，你就可以把那份報告找出來，然後問那個管理人員：「這是怎麼回事？」這是一種很好的提醒別人的方法。

2.如果一份文件的內容表明公司的職員或者部門之間可能或者即將會發生某種衝突，就把這份文件保存下來。對於這種文件，你一般不必保存很長一段時間，因為你應該努力爭取儘快解決這些矛盾。但是，有些時候，要想儘快解決某個問題是不太適宜的，如果是這樣的話，你就要把這份文件保存下來，等到條件成熟的時候，再回過頭來處理這個問題。

3.如果一份文件有關一個方案，或者涉及有關未解決的遺留問題，就把它保存下來。如果你對一份報告所陳述的情況抱有疑問，就不要把這份文件轉交給別人處理。因為，公司仍然存在某種問題。你需要在將來某個比較合適的時候採取措施以解決這個問題。但是，人總是會忘事的，而這份文件通常就是惟一能夠提醒你的東西。如果你把這份文件交給別人去處理，而你們都忘了的話，公司所存在的問題就可能得不到根本的解決。如果你把這份文件保留下來，你就會經常翻閱，當你再次翻閱這份文件時，你會記起應該去處理有關問題。

對於許多公司管理人員來說，他們從來不會每過幾年就自覺花一點時間，以一種事外人的心態，去審視一下他們過去幾年裏不斷變化著的職務和工作習慣，然後，根據現實情況，自覺地在自己處理文件的方式和技巧方面作出一些必要的調整。事實上，雖然他們在公司裏的職務被提升了，但是，他們卻忘

了丟掉只有低級管理人員才有的那種無論什麼文件都要保存下來的習慣。他們仍然一如既往地去專心閱讀並保存每一份文件，儘管此時此刻他們應該把大部份文件都分派給別人去保存，而他自己則只需要保留一小部份文件。

心得欄

49

學會讓自己的工作秩序合理化

專家指出：所謂高效工作，在一定意義上來說，也就是選擇一個較佳的工作次序。只有這樣，才能減少忙亂，增加單位時間的功效。它既有益於工作，也有利於健康。具體可採用如下方法：

1.讓條理化的工作節省你的時間和精力

美國管理學博士在其《有效的經理》一書中寫道：「我讚美徹底和有條理的工作方式。一旦在某些事情上投下了心血，就可減少重覆，開啓了更大和更佳工作任務之門。」

有句諺語說得好：「喜歡條理吧，它能保護你的時間和精力。」

培根也說過：「選擇時間就等於節省時間，而不合乎時宜的舉動則等於亂打空氣。」

工作無序，沒有條理，必然浪費時間。試想，如果一個搞文字工作的手裏資料亂放，本來一天就能寫好的材料，找資料就找了半天，豈不費事？

西方一些「支配時間專家」，運用電子電腦作了各種測定後，爲人們支配時間提出許多「合理化建議」，其中有一條就是

「整齊就是效率」。他們比喻說：木工師傅的箱子裏，各種工具排列有序，不同長度的釘子分別放好，使用起來隨手可得。每次收工時把工具放回固定的位置同把工具胡亂丟進箱子裏所費時間相差無幾，而效果卻大不一樣。

2.把自己的工作任務清楚地寫出來

工作有序性，體現在對時間的支配上，首先要有明確的目的性。很多成功人士指出：如果能把自己的工作內容清楚地寫出來，便是很好地進行了自我管理，就會使工作條理化，因而使個人的能力得到很大的提高。

只有明確自己的工作是什麼，才能認識自己工作的全貌，從全局著眼觀察整個工作，防止每天陷於雜亂的事務中。

只有明確辦事的目的，才能正確掂量個別工作之間的不同比重，弄清工作的主要目標在那裏，防止眉毛鬍子一把抓，既虛耗了時間，又辦不好事情。

只有明確自己的責任與權限範圍，才能擺脫自己的工作和下級的工作、同事的工作及上級的工作中的互相扯皮和打亂仗現象。

填寫自己應幹工作的清單是使自己工作明確化的最簡單的方法之一。其方法是在一張紙上首先試著毫不遺漏地寫出你正在做的工作。凡是自己必須幹的工作，且不管它的重要性和順序怎樣，一項也不漏地逐項排列起來，然後按這些工作的重要程度重新列表。重新列表時，要試問自己，「如果我只能幹此表當中的一項工作，首先應該幹那一件呢？」然後再問自己：「接著，我該幹什麼呢？」用這種方式一直問到最後。這樣，自然

就按著重要性的順序列出了自己的工作一覽表。其後，對你所要做的每一項工作，寫上該怎樣做，並根據以往的經驗，在每項工作上註上你認為是最合理最有效的辦法。

為了使工作條理化，不僅要明確你的工作是什麼，還要明確每年、每季、每月、每週、每日的工作及工作進度，並通過有條理的連續工作，來保證按正常速度執行任務。在這裏，為日常工作和下一步進行的項目編出目錄，不但是一種不可估量的時間節約措施，也是提醒人們記住某些事情的手段。特別是制定一個好的工作日程表就更加重要了。計劃與工作日程表不同之處在於計劃是指對工作的長期打算，而日程表是指怎樣處理現在的問題。比如今天的工作、明天的工作，也就是所謂的逐日的計劃。有許多人抱怨工作太多、太雜、太亂，實際上是由於許多人不善於制訂日程表。他們不善於安排好日常的工作，連最沒意義的事也抓住不放，人為地製造忙亂，不但談不上工作條理化，連自己也被壓得喘不過氣來。法國作家雨果說過：「有些人每天早上預定好一天的工作，然後照此實行。他們是有效地利用時間的人。而那些平時毫無計劃，靠遇事現打主意過日子的人，只有混亂二字。」

3.進行合理的組織工作

工作目的、工作任務明確後，能不能很好地實現，就在於能否進行合理的組織工作。西方一位管理者深有體會地說：「總經理的最大困難之一是組織自己的時間。」

組織工作首先要做好選擇、區分的工作，剔除那些完全沒有什麼價值或者只有很小意義的工作，接著再排除那些雖然有

價值但由別人幹更合適的工作，最後再剔除那些你認爲以後再幹也不要緊的工作。

4.運用化繁為簡的工作方法

化繁爲簡，善於把複雜的事物簡明化，是防止忙亂、獲得事半功倍之效的法寶。工作中，我們經常看到有的人善於把複雜的事物簡明化，辦事又快又好，效率高；而有的人卻把簡單的事情複雜化，迷惑於複雜紛繁的現象中，結果只能陷在裏面走不出來，工作忙亂被動，辦事效率極低。

美中貿易全國委員會主席唐納德•C•伯納姆在《提高生產率》一書中講到提高效率的「三原則」，即爲了提高效率，每做一件事情時，應該先問 3 個「能不能」，即：能不能取消它？能不能把它與別的事情合併起來做？能不能用更簡便的方法來取代它？

無論在工作中，還是在生活裏，爲了提高辦事效率，就必須下決心放棄不必要的或者不太重要的部份，用簡便的活動代替那些費時費力的活動。如有的人儘量減少頭腦的儲存負擔，以提高頭腦的處理功能；有效地研究篩選讀書的人，能把書籍區分爲必讀的書、可讀可不讀的書和不必讀的書，做到多讀必讀書，以增加得益。有的人在生活中還採取擺設不求齊全，以減少整理的時間；穿戴不過分講究，以減少換洗保存時間；吃喝買到家裏能直接下鍋的，以減少烹調時間，等等。

有序原則是時間管理的重要原則。一位著名科學家說：「無頭緒地、盲目地工作，往往效率很低。正確地組織安排自己的活動，首先就意味著準確地計算和支配時間。雖然客觀條件使

我難以這樣做到,但我仍然盡力堅持按計劃利用自己的時間,每分鐘地計算著自己的時間,並經常分析工作計劃未按時完成的原因,就此採取相應的改進措施;通常我在晚上訂出翌日的計劃,訂出一週或更長時間的計劃;即使在不從事科學工作的時候,我也非常珍視一點一滴的時間。」

應該經常記住:明確自己的工作是什麼,並使工作組織化、條理化、簡明化,就能最有效地利用時間。

心得欄 ----------------------------

50

要學會忙裏偷閒

緊張與壓力，導致許多人產生倦怠、潰瘍、心悸、頭昏、高血壓等病症。然而，心理專家指出，如果懂得時間管理，這些壓力就可以減輕甚至消失。時間管理做得好，可以更有效地幫助你完成工作與生活計劃。

你一定好奇地想問：「時間不是一分一秒地走掉了，怎麼管理？」的確，時間是不等人的，沒有人能「控制」時間，真正能控制的，其實是自己。而所謂的時間管理，依照專家的說法，正確的定義應該是「自我管理」。

天下沒有什麼秘訣可以教會人控制時間，真正需要控制的只有自己。那些口裏經常喊「忙」的人，就是失落「心」的人，因爲，「忙」字拆開來，就是「心亡」。有心的人，永遠不會喊忙，他的生活方向清楚，知道自己在做什麼。

要管理時間，就需要先管理自我，發掘自己浪費時間的毛病，才能對症下藥。根據調查研究，一般人最容易犯的毛病，包括拖延、能力低下、缺乏計劃、溝通不良、授權不當、猶豫不決、缺乏遠見與目標無法貫徹始終，等等。換句話說，大多數浪費時間的毛病都是自找的。

很多人希望面面俱到，於是拼命把過多的責任加之於自己身上。結果發現，自己能力不足而有挫折感。專家建議，確立態度，再排定先後順序，制定出遠期和近期目標，是時間管理的必要步驟。這個原則，大至擬定人生方向，小至每天、每月、每年的行事日程，都要謹守。譬如，你發覺自己一天精力最旺盛的時候是在上午，就把最重要的事排在這段時間內處理。一天中精力最差的時段，如果是在下午五六點，那就去做些無關緊要的事。

有句話說得好：「有效的時間管理，就是一種追求改變和學習的過程。」上帝是公平的，不管是誰，一個人一天永遠只有24小時，你可以過得很從容，你也可以把自己弄得凌亂不堪，「沒有時間」絕對不是藉口，那是你自己的選擇。

忙裏可以偷閒。一個人要知進能退，要懂得拒絕，有些事情是不是值得為它去拼命？如果不值得，乾脆就放棄。如果遇到一些一個人處理不了的事，自己沒辦法解決，應該去尋求外援，集思廣益，找別人一起分擔。

我們常常聽到很多人抱怨「很忙」、「沒有時間娛樂」或者是「已經好幾年沒有看電影」，這樣抱怨的人犯了一個最大的毛病：太強調自己的重要性，認為自己是不可取代的。尤其是，位置坐得愈高的人，這個毛病愈重。有很多時候，不是他真的沒時間，而是自己放不開。這種人總是口口聲聲說「等我有時間」、「等我有空」……結果他一輩子都沒等到時間，一輩子都沒享受到生活。

如果你時間安排得好，你就可以去聽音樂會、看表演、做

自己想做的事。時間管理的第一個原則是：對每一件事都尊重，包括對休閒時間的尊重。心情是可以創造的，時間是可以掌握的，善於安排的人，永遠不會喊「忙」，因為他知道自己要什麼，不要什麼。

有個叫尼勃遜的人，通過對百年來活躍於世界實業界的人士調查發現，這些人成功的關鍵在於，他們善於利用閒暇時間去學習。

什麼是閒暇時間呢？一般地說，閒暇時間就是可以供人們自由支配的時間，也就是我們平常所說的業餘時間，也有人稱之為「8 小時之外」。但是，嚴格地說，真正的閒暇時間應該排除用於家務、飲食等方面的時間，即完全可供個人自由支配的時間。自由，是閒暇時間的一個特點。一般來說工作時間不能自由支配，工作時間的流向是基本確定的，具有一定的穩定性和限制性，例如，在工作時間裏，務工的不能從醫，從醫的也不能務工。然而，閒暇時間卻截然不同，它沒有強行規定人們的去向，自由度很大，基本上可以憑自己的興趣加以選擇。在閒暇時間中，人們為了滿足自己的需要，可以去從事能夠反映自我個性的有價值、有意義的活動。

希臘偉大的哲學家亞里斯多德，喜歡在閒暇時間捕捉蝴蝶和甲蟲，他利用閒暇時間積累了人類歷史上第一批昆蟲標本，成為第一個昆蟲分類學者。達爾文從小就對打獵、旅行、搜集生物標本有著特殊的愛好，上大學時又利用閒暇時間廣泛採集植物、昆蟲和動物標本，後來將業餘愛好發展成為專長，成了舉世聞名的生物學家。在近、現代自然科學領域做出了奠基性

貢獻的第一批科學家，有許多都不是以研究自然科學爲職業的人，如達·芬奇是法蘭西斯一世的臣僕；天體力學和現代實驗光學的奠基人刻卜勒的正式職業是編輯；現代生理學的奠基人哈威的職業是醫生；現代實驗磁學的奠基人基爾伯特是御醫；創立解析幾何的笛卡兒是軍官；與牛頓同時發明了微積分的萊布尼茲是外交官……

17 世紀以後，在自然科學突飛猛進並日趨專業化和精密化的情況下，業餘研究仍然是科學研究的一支重要的生力軍，有不少一流科學家是從業餘研究走上科學研究道路的，如達爾文、大衛、愛因斯坦等等。

善於利用閒暇時間，就要確立閒暇時間是一筆寶貴財富的觀念。當代著名的法國未來學家貝爾特朗·德·菇維涅里提出，在未來的社會，人感到最重要的不是能用於買到一切的錢，也不是商品，而是業餘時間──這種時間可給人以知識文化。有人算了一筆賬，雖然對於正在工作和學習的人來說，在一天裏閒暇時間幾乎等同於工作時間，但從人的一生來看，閒暇時間幾乎 4 倍於工作時間。閒暇時間是有志者實現志向的大好時光，是創業者艱苦創業的良時美辰。另外，在閒暇時間裏，人們的體力和腦力得到了補償，家庭關係更加和睦，社會交往不斷擴大，人與人、人與社會的關係進一步融洽；在閒暇時間裏通過開闢「第二職業」使自己的才能得到充分發展；通過業餘學習和高尚的娛樂，使自己的知識結構得到改善和提高，人格得到充分的修養和完善。對腦力工作者來說，閒暇時間有時比冥思苦想更能促進突破，它能激發人的心理潛力，使大腦皮層

把幾十年裏收藏的各種材料、經驗一一溝通，產生新的思想。如果只把「8 小時以內」看作是真正意義上的一天，而把閒暇時間只當作這 1/3 時間的附屬品，怎麼能指望享受一天快樂的生活呢？又怎麼能指望取得人生的更大成功呢？

科學地安排閒暇時間的方式是多種多樣的，也要因人、因地、因時而異。主要有以下幾種方式：一是開髮式，就是把閒暇時間作為開發自己潛能、實現自我價值的時間；二是結合式，閒暇時間與工作時間是相互回饋、相互影響的，結合式實際上就是把閒暇活動作為本職工作的延伸與擴展，專業知識的儲備和補充；三是陶冶式，即在閒暇時間裏從事多種有益活動，以陶冶性情，增長學識；四是調劑式，即閒暇活動與工作互相調劑，比如腦力工作者在閒暇時間最好是幹些體力活兒，室內工作者在閒暇時間最好到室外去，邏輯思維工作者的閒暇時間應以形象思維為主。調劑的另一層意思是做到緊鬆、忙閑、勞逸、張弛相結合。既不是只張不弛，張而忘弛，也不要弛而不張，弛而忘張，要張弛結合，勞逸適度。

閑暇時間是可貴的，閒暇時間的長度是驚人的。據一所世界體育中心調查：一個 70 歲的西方人，一生的工作時間是 16 年，睡眠時間是 19 年，剩下的便是閒暇時間。可見，所謂時間管理，就其本質來說，主要是對閒暇時間的管理。

51

選擇正確的方向

　　企業領導進行企業經營戰略的構想，往往是新創辦的企業或對企業進行大規模調整之時的選擇。所以，首先就要確定經營的基本方向，重新審視自己的經營業務，看其是否有廣闊的前景；其次，要界定經營的範圍，確定經營的重點。以上兩步都走穩了，接下來就要制定總體目標了。這是企業經營戰略的核心部份，所以在制定經營戰略時一定要考慮到多方面的因素影響，統攬全局。

　　今日的市場競爭已經演繹爲綜合實力和整體素質的較量，演化爲系統運籌決策的較量。所以，選擇正確的企業經營方向，已成爲企業經營中的「重中之重」，是企業戰略謀伸的第一要務。

　　面對激烈競爭市場的挑戰，企業經營者在企業運行之前必須「成竹在胸」，把握企業的基本目標，確定企業成功的航向。因此，確定企業的經營方向遵循以下幾條原則：

　　1.企業的經營方向要適合國家長遠規劃和市場需求，避免盲目性，緊跟市場最新動態。

　　2.搞清楚企業應該在什麼行業經營，經營方向及經營範圍

是什麼，服務的對像是誰，應選擇對企業發展和生存最有利的、發展最有前途的行業經營。

3.要找出最能發揮企業特點和優勢的行業，盡可能地開發與本企業的生產技術、技術水準等相適應的產品，不要輕易離開本企業的長處從事完全陌生的事業。

4.要保持靈敏的商業嗅覺。選擇別的企業有美好前景的經營方向。

5.尋求多種能和自己的經營範圍起協調作用的經營方向。服務面越寬，企業的經營就越容易穩定。同時收集大量有價值的信息，從中得到啟示。

6.根據市場特點和調查分析得出：歐洲市場喜歡高檔品，顧客注意產品的精緻性；美國市場喜歡款式新，顧客講究產品的新鮮感；東南亞市場偏重產品的功能，追求產品的便利性。企業要根據所面對的市場，認真選擇經營方向。

在明確了企業經營方向之後，企業才能夠遊刃有餘地在複雜的市場環境中集中全部財力、物力、人力、信息等各種資源，做出輝煌的業績。

52

立即止住走不通的路

毫無疑問，不管你是一個什麼樣的人，在工作中總會碰到許多走不通的路，在這個時候，你應當換個角度考慮問題，重新操作。成大事者的習慣是：如果這條路不適合自己，就立即改換方式，重新選擇另外一條路子。

形容頑固不化的人常說是「一條路上跑到底」、「頭碰南牆不回頭」。這些人有可能一開始方向就是錯誤的，他們註定不會成大事。南轅北轍、背道而馳固然不行，方向稍有偏差，就會「差之毫釐，謬以千里」。還有一種可能是當初他們的方向是正確的，但後來環境發生了變化，他們不適時調整方向，結果只能失敗。杜邦家族就懂得這個道理，他們懂得隨機應變。

「我們必須適時改變公司的生產內容和方式，必要的時候要捨得付出大的代價以求創新。只有如此，才能保證我們杜邦永遠以一種嶄新的面貌來參與日益激烈的市場競爭。」這是一位杜邦權威對他的家族和整個杜邦公司的訓誡。

事實正是如此，世界上很少有幾家公司能在為了創新求變而開展的研究工作上比杜邦花費更多的資金。每天，在威爾明頓附近的杜邦實驗研究中心，忙碌的景象猶如一個蜂窩，數以

千計的科學家和助手們總是在忙於爲杜邦研製成本更低廉的新產品。數以千萬計的美元終於換來了層出不窮的發明：高級瓷漆、奧綸、滌綸、氯丁橡膠以及革新輪胎和軟管工業的人造橡膠。這裏還產生了使市場發生大變革的防潮玻璃紙，以及塑膠新時代的象徵——甲基丙烯酸，也正是在這裏研製成了使杜邦賺錢最多的產品——尼龍。

1935 年，杜邦公司以高薪將哈佛大學化學師華萊士・C・卡羅瑟斯博士聘入杜邦。此時卡羅瑟斯已研製了一種人造纖維，它具有堅韌、牢固、有彈性、防水及耐高溫等特性。卡羅瑟斯走進杜邦經理室時說：「我給你製成人造合成纖維啦。」杜邦的總裁拉摩特祝賀卡羅瑟斯博士取得成功的同時，微笑著說：「杜邦永遠都需要像博士這樣善於創新的人。繼續努力吧，博士，我們需要更能賺錢的產品。」於是，卡羅瑟斯用了杜邦 2700 萬美元的資本，用了他自己 9 年的心血，研製出了更能適應杜邦商業需要的新產品——尼龍。世界博覽會上，杜邦公司尼龍襪初次露面就立刻引起了巨大的轟動。

一個真正的企業家不僅要有經營管理的才能，更需要有一種商業預見能力。正如杜邦第 6 任總裁皮埃爾所言：「如果看不到腳尖以前的東西，下一步就該摔跤了。」的確，在日趨激烈的商業競爭中，如果沒有一定的眼光，不能作出比較切合實際的預見，那企業是很難發展下去的。

第一次世界大戰使杜邦很快地撈了一大筆，然而，杜邦並沒有被暫時的超額利潤所迷惑住。早在大戰初期，皮埃爾就已意識到天下沒有不散的筵席，戰神阿瑞斯總有一天要收兵，不

再撒下「黃金之雨」，於是他開始使公司的經營多樣化，一方面他緊盯著金融界，一心要打入新的市場，開闢新領域；另一方面他必須為杜邦公司開闢一塊有著扎實根基的新領域。幾經斟酌，皮埃爾選定了化學工業作為杜邦新的發展方向，他要將杜邦變成一個史無前例的龐大化學帝國。

「我們不能在求變創新的同時把企業引向死胡同，我們的創新變革必須有相當的依據。」皮埃爾如此說，事實上他的選擇也正印證了這一點。杜邦之所以將軍火生產轉向了化學工業，一則因為化學工業與軍工生產關係密切，轉產容易，不必作出重大的放棄行為，而且將來一旦烽火再起，返回生產軍火也很方便，不需太大變動；二則其他行業大多被各財團瓜分完畢，惟有化學工業比較薄弱，且潛力極大。事實上，杜邦家族第二代 50 年的經營化工用品而發跡的家族史就證明了這一轉變是極為成功的。

也許是杜邦家族財大氣粗的緣故吧，杜邦公司求變創新的主要途徑便是不惜重金，但求購得。杜邦不僅要買新產品的生產方法，還要買產品的專利權，甚至連新產品的發明者也一併買回為杜邦效力。1920 年杜邦與法國人簽訂了第一項協定，以60%的投資額與法國最大的粘膠人造絲製造商——人造紡織品商行合辦杜邦纖維絲公司，並在北美購得專利權。在法國技術人員的指導下，杜邦家族在紐約建立了第一家人造絲廠。人造絲的出現，引起了從發明軋棉機以來紡織工業的最大一次革命，導致了 1924 年以後棉織業的衰落。杜邦公司又趕緊買進法國人的全部產權，以微小的代價，購得了美國國家資源委員會

在 1937 年列爲 20 世紀六大突出技術成就中的一項，與電話、汽車、飛機、電影和無線電事業居於同等重要的地位。接著，杜邦公司如法炮製，將玻璃紙、攝影膠捲、合成氨的產權買回美國，一個真正的化學帝國建立起來了。

當第二次世界大戰的烏雲在歐洲雲集的時候，杜邦公司的一次「以變求發展」，大轉換速度之快足以令人望而卻步。一年之間，杜邦公司召集了 300 個火藥專家，將龐大的化學帝國變成了世界上最大的軍火工業基地。

杜邦在生產內容和方式上的創新，是杜邦家族命運得以保持輝煌的關鍵，否則，他們一家早在人們的罵聲中敗落了。

心得欄

53

無為而治是一種高超的管人技巧

　　兩千多年前，老子就曾教導為官者要無為而治。管理者認為：做到了無為，實際上也就是有為。不僅是有為，而且是有大為。

　　無為而治，是老子謀略的主體。老子認為，要成大事，必須大智若愚，大勇若怯。施智用謀的上策是給對方以無為、無知、無能的印象，才能達到有為有治的目的。

　　縱觀《道德經》全書，老子所講的「無」，其主旨並非是教育人以無所事事，實際是「為」而示之「不為」，「能」而示之「不能」，「取」而示之「不取」。

　　《莊子》中有一段陽子臣與老子的問答。有一次陽子臣問：「假如有一個人，同時具有果斷敏捷的行動與深入透徹的洞察力，並且勤於學道，這樣就可以稱為理想的官吏了吧？」老子搖搖頭，回答說：「這樣的人只不過像個小官吏罷了！只有有限的才能卻反被才能所累，結果使自己身心俱乏。如同虎豹因身上美麗的斑紋才招致獵人的捕殺；猴子因身體靈活，獵狗因擅長獵物，所以才被人抓去，用繩子給捆起來。有了優點反而招致災禍，這樣的人能說是理想的官吏嗎？」

陽子臣又問:「那麼,請問理想的官吏是怎樣的呢?」老子答:「一個理想的官員功德普及眾人,但在眾人眼裏一切功德都與他無關;其教化惠及週圍事物,但人們卻絲毫感覺不到他的教化。當他治理天下時不會留下任何施政的痕跡,但萬物各具有潛移默化的影響力。」這才是老子「無為而治」的至理名言。

中國古代傳說中最聖明的皇帝是堯和舜。所以「堯舜之世」被當作太平盛世的代稱。堯帝認為當政的人應該「無為而治」,換句話說,就是帝王要無所作為,放任百姓依著自然生態之道,得到幸福健康的生活。只要天下安康太平,盜賊和作奸犯科的事就自然會平息下去。所以為官當政者雖是無為,但實際上卻收到「無不為」的效果。

無為不是叫總經理完全撒手不管的意思。它必須有兩個先決條件。第一是制度的運行和個人禮義修養有很高的水準,第二是百姓的衣食住都必須充裕供應,不虞匱乏。惟有天下一家的制度能自然運動,同時個人禮義修養又有很高的水準,放任才不會變成放縱。同時百姓日常所需有了充分供應,人們才不會被生活所逼,做出互相殘殺或以下犯上的事。

為了當個「無為」之官,提高個人修養,滿足下屬正當請求,這些都是為官者在放任無為之前,須先預作策劃的,否則無為不但不能成為「無不為」,反而變成天下禍亂、烏紗不保的根源,這是身負政治重任的為官者所必須注意的。

「無為而民自化,好靜而民自正」。老子所提倡的「無為」與「清靜」有三個方面的內容:第一,不要實行令下屬負擔很重的任務;第二,應該儘量少施行命令或指示;第三,對下屬

的各種活動儘量避免介入或干涉。

那麼，這是不是說為官者對一切都不管，而無所事事呢？事實絕非如此。聰明的官吏要隨時留心下屬的動向。但是若因此而口出怨言或是牢騷滿腹、自歎倒楣，那麼這樣的官吏並不稱職。因為無論工作多麼辛苦，都是自己應負的一種責任，所以表面上不顯出痛苦的樣子，而要以悠閒自在的精神狀態面對下屬。就像鴨子若無其事、輕鬆自如地劃過水面一樣自然。

「無為而治」的更深一層意思是為官當政者要懂得分離職權，為下屬創造一個寬鬆環境。如果官吏事必躬親，連細枝末節、雞毛蒜皮的小事都要過問、干涉，不但會打擊下屬士氣，而且自己也會累得挺不住。

身為企業領導者的總經理，為員工下屬創造一個舒適輕鬆的工作環境是他的責任。日常的工作要交給其他人去辦，將職權分離出去。如此一來，自己才會騰出精力構思經營大計。大權獨攬，事必躬親的官吏，是不會坐穩官位的。

其實，「無為而治」的精髓只是人力本身的「無所作為」，但制度本身則運行不違。嚴明法紀，制度嚴明，自然下屬的注意力就轉移到這些形式上的條文中，而不是為官者身上，為官之人隱藏於制度之身後，以制度之「有為」行自身「無為」，這才是真正聰明的官吏精妙的為官治世之道。

這樣一來，下屬們就會自然而然地遵紀守法，而自己便也落得個渾身輕鬆。下屬犯了錯誤，也只會怪自己觸犯了制度，絕不會遷怒於為官之人。所以，所謂「有為」向「無為」的轉化，實際上是人治向法治的轉化。

54

讓胡蘿蔔和大棒輪流在手中出現

　　管理者懂得像魔術師一樣，讓胡蘿蔔和大棒輪流在手中出現。賞是一種正的強化激勵。正強化是對正確的言行以肯定和讚賞，從而起到保持發揚和鞏固的目的。當職工做出成績時，當獎則獎，獎既是一個物質的，也是一種精神的激勵。它激勵的是下屬的進取精神。

　　罰是一種負面效應，但也含常常起到正面的效果。批評和懲罰作爲負強化的手段，其目的在於使你的下屬內疚而悔過，從而更正錯誤，跌倒和站起來，改進工作。下屬知道你會運用「厚」「黑」兩手，該獎則獎，該罰則罰，就不會再有人視工作爲兒戲。

1.通過管人、育人、用人來實現管事

　　規模較大的企業和較小規模的企業，其管人者的行爲區別是什麼？核心的一點就是：「小領導者管事，大領導者管人」。而企業管人者的「功夫修煉」，就是如何從管事到管人，更重要的是怎麼管人。

　　管人管什麼？怎麼管？「管人」大致有 3 個方面：一是管人，二是育人，三是用人。

　　首先是管人的問題。俗話說，「沒有規矩，不成方圓」，任何一個企業，只要有 10 個人以上的隊伍，就會有管人的問題。總要有一些制度，有一些紀律，這是一個企業保持其組織完整最基本的事情。我們不妨把這樣的工作內容叫做「建標準」。很多企業在規模小的時候，管人是習慣通過師傅帶徒弟的方法，言傳身教。企業達到一定規模，這種「人治」的方法或者叫「人管人」的方法就不行了。用標準來管人、約束人便成爲管人者一項很重要的工作。

　　其次是育人問題。今天的競爭是「人才的競爭」，可見育人問題的重要性。培養人才已是管人者的重要職責。經分析一些成功企業經營的工作內容都有那些，結果發現他們的主要工作是三件事：一是錢往那兒去（戰略投資）；二是人才從那裏來；三是激勵機制與企業文化的發展完善。

　　第三是用人。無論是管人，還是育人，都只是手段，其目的還是用人。企業如何把有用之才推進到與其能力相適應的崗位，這是管人者必須做好的事情，管人者要通過用人去延伸自己的管理。企業小的時候，重要的事，總經理可以勤奮地親自一件件打理。企業大了，總經理就不可能什麼事都管了。

　　企業用好人才關鍵因素是兩個：一是企業不斷發展，這是根本。否則，你的事業舞臺很小，或者正在縮小，人才就會流失，人往高處走這是很自然的事情。二是用什麼方法把什麼樣的人推到什麼崗位上去，提供一些什麼樣的條件和約束，這是管人者必須做好的事情。決不要簡簡單單把它當作一個人盡其才的問題。

　　用人的實質就是賦予責任。不給權力等於沒有賦予人責任。管人者要研究如何把責任壓到人肩上，如何把權力與責任配套一起給人家，研究如何激勵與約束。這是管人者的責任。管人者是企業的最高管理者。管理者是管人的、用人的，所以他的大部份精力就必須投入到人的問題上來。

　　可以這麼認為，成功的管人者都是通過管人、育人、用人來實現管事的，而所有失敗的管人者都是管事不管人或者管人無方的。

2.讓下屬不折不扣地執行你的指令

　　指揮人是非常重要的，要讓下屬理解你的指令，知道你的判斷是正確的，必須不折不扣地執行，他們才能正確地採取行動。下達命令的第一條原則就是在你與下級之間創造一種相互理解、信任和合作的氣氛。命令一定要精確明瞭，不能不著邊際，含糊不清，要用建議的方式命令，讓下屬站著傾聽。

　　在工作過程中，身為總經理，對部屬下達任務，發號施令，這是很自然的事情。然而，怎樣下達命令才使你的計劃得以徹底的實施呢？才能使你的部下樂於積極、主動、出色、創造性地去完成工作呢？

　　你身為單位主管，是不是經常這樣說：「××，把這份材料趕出來，你必須盡你最快的速度，如果明天早上我來到辦公室，在我的辦公桌上沒有看到它，我將……」

　　或者是：「你怎麼可以這樣做？我說過多少次了，可你總是記不住！現在把你手中的活停下來，馬上給我重做！」

　　沒有人會喜歡自己的領導以命令的口氣和高高在上的架勢

來發號施令。上司必須採取「厚」的姿態，上司與下級、領導與部屬、主管與員工儘管分工不同，職務不同，但在人格上是平等的，沒有什麼高低貴賤的區別。

3.以有效的手段保證各項規章制度得以貫徹落實

國有國法，家有家規。任何企業的各項規章制度都不能成為擺設。作為管人者，你應當以有效的手段保證其得以貫徹落實，一旦發現有人違規犯戒，就應一隻「黑」手舉起「鐘旭劍」，狠狠砍下，絕不姑息遷就；另一「厚」手則溫和如慈母，做到寬嚴得體，才會得到下屬的尊敬和擁護，並使之謹慎從事。

瑪麗‧凱‧阿什是美國的一個大器晚成的女企業家。她重視妥善地管理人才，她認為，人才是一個企業中最寶貴的財產，企業管理的關鍵是人才管理，而人才管理的關鍵是貫徹紀律，賞罰分明。

她要求作為一名經理應儘量公正待人，誰犯了「天條」都一樣處置。瑪麗‧凱‧阿什在闡述她的做法時說：「我每次遇到員工不遵守紀律時，都採取一種十分不同的方法。我的第一個行動，是同這個員工商量，採取那些具體措施可改進工作。我提出建議並規定一個合情合理的期限。這樣，也許會獲得成功。不過，如果這種努力仍不能奏效，那我必須考慮採取對員工和公司可能都是最好的辦法。我常常發現，一個員工不貫徹紀律、工作老出差錯時，就決定不要他！因為貫徹紀律沒商量。」

一個主管如果貫徹紀律不力，下級就會鬥志鬆懈、紀律鬆弛，反之，如紀律嚴明，賞罰有度，企業的凝聚力、戰鬥力就會油然而生。主管在享有人、財物的支配權的同時，還負有相

當的責任。下屬工作不力,完不成目標任務,間或出了差錯,上級最後要追究主管的責任。責任是一種壓力,在壓力下主管的心情難免比較緊張,遇到下屬不理解自己,或工作上不撐體面,完不成計劃時,容易感到煩躁,這樣就養成了愛發脾氣的習慣。

主管的「火氣」,是對下屬的一個警告和懲戒,事實上遠比和風細雨的批評有效得多,在工作實踐中,偶爾發一遍怒火,宣洩一下你心中的緊張和鬱悶,從而達到心理上新的平衡,對你來說也是有益的。可以說,發脾氣事實上是主管促進工作,推進管理的行之有效的一種方法,這種方法在工作的緊要關頭,鞭打「慢牛」,刺激快牛,還是比較管用的。

任何事都有一個限度,當領導的如果經常發火,官大脾氣大,那可就無益了。不但下屬不買賬,你自己也會覺得無趣的。

4.千里馬需要的是草料而不是鞭笞

「火車跑得快,全靠車頭帶」,優秀的員工和中堅骨幹是你事業成功的基礎和關鍵,對這些人你要高酬重獎、關心激勵。人常說:「既要馬兒跑就要給馬兒吃飽。」就是這個道理。身為領導,不管你喜不喜歡「火車頭」的個性,也不管他們個性倔強、孤僻,還是溫順柔和,你都不必過多地考慮,誰的工作實績好,誰就應該得到高酬重獎。

英國的穆勒傢俱公司集團(MPI),是個專門經銷廉價組合傢俱的企業。該集團的公司總經理德里克‧亨特也充分認識到,給公司的「火車頭」加油,除了支付高薪,還應把重點放在獎勵方面。MFI 公司每個星期一上午公佈一間的盈虧賬目。每個

「火車頭」都能深刻認識到他們的收益是財富創造的必然結果。「火車頭」們通過增強責任感，提高生產率和利潤率，從而增加了報酬，這就更進一步推動了他們積極開拓、銳意進取，努力工作的參與意識和積極性，由此形成了一種完整的良性循環。

MFI 公司除了採用與利潤掛鈎的獎金手段外，還採用了其他激勵手段。例如：公司共有四個管理部門，每個部門根據服務、經營、銷售等各方面的綜合評比，評出其所屬範圍內得分最高的商店，然後加以獎勵。公司在全國範圍內評選出百家最好的商店，其優秀員工和部門主管以及他們的配偶可以免費享受一次難得的海外旅遊。

海外旅遊為百家最好商店的員工們提供了一種工作報酬以外的特殊獎勵，同時也力最高管理層在一種非正式的、無拘無束的環境中會面交談創造了新的機會。

一位公司主管曾向別人訴苦：「我自感才能不低，對手下也真心誠意，但一些有才華的部門經理和優秀員工為何都先後離開我？是我錯了，還是人都這麼不識好歹呀？」

在詳細瞭解了該公司經營管理的狀況後，一位高手對總經理說：「你犯了高層領導的一個大忌，只讓馬兒跑，不給馬兒吃飽。」

這位公司總經理爭辯說：「我難道吝嗇，我給他們的好處還少嗎？」

「是的，你確實給了部下一些好處，但你給他們好處的時候相當勉強。應當獎勵優秀人才的獎金你不一次性發放，而是

分時分批地放發，並且推遲一天是一天。那些優秀人才確實也得到了你的獎金，但他們不認爲這是你主動給他們的，是他們跟你爭取來的。有一次，你多發給銷售部經理一些獎金，你馬上收回來，而少發給他的獎金時，你則緘口不提，既便有人提起，你也會以適當的理由搪塞過去。每當你要任命部下擔當某一職務時，總是讓他等得心裏發焦才下任命；在他任職後，你也不會給他充分的自主權，使他該自己做主的事卻做不了主，這些都屬於你的吝嗇。」

這一番分析，令這位公司總經理心服口服。這個公司總經理的失敗，一個重要的教訓就是給「火車頭」加油不及時。

用人之道，貴在唯才是舉，而對於千里馬則必須少鞭笞、少怠慢，多獎勵，多喂「料」，否則實難成就大業。

5.擇優汰劣，人盡其才

要懂得因事擇人，量才錄用，才盡其力。在每個單位，每個人的才能都有質的區別，作爲管人者，在用人上，必須根據不同人才系統對人才品質的需求，選用具有相應能質、能級的人才，並且要保持人才系統中的能質、能級要求與人才具有的能質、能級之間的有機協調和動態對應，以實現人盡其才、物盡其用，一個蘿蔔頂一個坑。

1982 年，應美國《國際投資者》雜誌的邀請，100 多個週遊過全球的各國著名企業家和銀行家評出了 60 家國際最佳飯店，泰國曼谷東方飯店榮獲了「世界第一」的桂冠。

對泰國人來說，東方飯店總經理庫特・瓦赫特法伊特爾這個日爾曼姓實在太難念，所以東方飯店的所有員工一直稱他們

的總經理為「庫特先生」。

　　庫特先生手下的部門經理和負責人，不論男女，個個都很精幹，人人都能獨當一面，這正是總經理得心應手地管理飯店的一個重要因素。有人曾問庫特先生，東方飯店成功的秘訣何在？他豪不猶豫地回答：「人盡其才，物盡其用，一個蘿蔔一個坑，大家辦飯店。」

　　每天上午 8 點半,庫特主持召開總經理和 10 位部門經理參加的例會。每週舉行一次週會，30 多個來自客戶部、餐廳、科室、園藝等部門的負責人參加。會上大家一律講英語，各種會議都目的明確，簡短有效。無論每天早上的工作安排，還是每週的週會，庫特都強調，要把每個人都用在適合自己發展的位置，不要造成人才資源的浪費，更不要養一些百無一用的「閒人」。庫特佈置工作言簡意賅，對存在的問題講得實際客觀，同時講明責任、限制解決的時間和要求，會後嚴格檢查執行情況。

　　庫特先生還十分重用知識水準高、管理能力強的婦女，該飯店的 14 名部門負責人中，女性佔了一半。在由各部門經理組成的「常委會」裏，婦女佔多數。

　　某報紙以新聞信息量大、針砭時弊、為民立言、為民呼籲的特點，在全國報刊林立、新聞消費市場疲軟的狀況下，奮力拼搏，贏得了國內外的讀者，報紙銷售量逐年遞增。

　　該報總編輯辦公室主任，在接受採訪時說：本報的成功之道就是能夠重用人才，讓每一個人做到人盡其才。無論編輯、記者、校對，必須以最大的潛力，發揮最大的才幹，經營好自己的工作！

　　有一次，一個記者沒有完成本月的新聞採寫任務，按照報社的規定，他被調離記者崗位到報紙校對室去工作。這位記者不願去，說他搞新聞多年了，最後去搞校對太丟人。他找到辦公室主任，讓主任去給他說情，被他拒絕。因爲報社的用人之道是人盡其才、擇優汰劣。爲了充分發揮報社從業人員的主觀能動性和工作積極性，我們採取按勞計酬的工資、獎金發放法。多勞多得，少勞少得，不勞不得。把每個人在自己崗位上工作實績與切身利益掛起鉤來，實在不能勝任的人，堅決辭退！

　　擇優汰劣，人盡其才是每一個領導所必須掌握的有力武器。否則，養懶漢、養閒人的事就會發生，人浮於事、不出效率、不出成績的結果就在所難免。

心得欄

55

成大事者，必須站在別人的肩膀上

　　總經理都要注重借用別人的力量，而達到自己的目的。

　　燕昭王尊賢敬賢，勵精圖治，最後雪洗國恥。戰國後期，燕國被齊國打敗，燕王噲被殺，國中一片動亂不堪。太子平繼位，是爲燕昭王(前 311～前 279 年)。他急想招納賢才以報國家之仇，但由於國小力薄，難以一時雪父王之恥。於是，他去向郭隗先生請教求賢的方法和方式。郭隗告訴他：凡是成就帝業的人，以賢者爲師；要想成就王業的人，與賢者爲友；要成就霸業的人，以賢者爲臣；如果是亡國之君，則以賢者爲奴僕。真心實意地向賢者學習的人，就能得到勝過自己一百倍的人，……大王若是能廣選國中的賢人，並且親自去拜見他們。天下的賢人聽說大王如此重視人才，就都會紛紛來到燕國。郭隗還建議燕昭王，「大王若要求賢，就先從我開始吧。像我這樣的人都能被任用，何況比我還要賢能的人呢？這些賢人就會迢之千里來到燕國啊！」

　　於是，燕昭王爲郭隗修建房舍，拜謀士郭隗爲師，在易山建造黃金台，廣泛招攬賢能，果然，魏國的樂毅、齊國鄒衍、趙國的劇辛、洛陽的蘇代等許許多多有才能的人，從四面八方

前來投奔成為燕昭王身邊的文臣武將。這就是戰國史上「燕王招賢」的歷史美談。在眾多招來的賢才中，最受燕昭王重用的是著名軍事家樂毅。自此，燕昭王與文臣武將勵精圖治，與百姓同甘共苦 28 年，兵精糧足。於是燕昭王於西元前 284 年，拜樂毅為上將軍，聯合秦、楚、韓、趙、魏等國共同伐齊，使樂毅成為伐齊六國聯軍的最高軍事統帥，導演出復仇伐齊戰爭的雄偉活劇。

漢武帝劉徹之所以能建立堪與秦始皇、唐太宗相比的功業，成為中國歷史上傑出的帝王之一，是與他十分注意選拔和擢用各種人才分不開的。

元封五年(西元前 104 年)，漢武帝向全國頒發一份《求賢詔》，其內容大意是：凡是要想建立不平常的功業，就需要有才華出眾的人。有的馬奔跳著踢人，卻能日行千里；有的士人被世俗譏笑議論，卻能屢建功勳。力大性悍的烈馬往往把車翻覆，不拘小節的壯士可能不安分守己，這只在如何駕馭使用罷了。為此，各州縣地方官要察舉下屬和百姓中優秀傑出人才。選拔那些能夠擔任將相和出使異國他邦的人。這份招賢納才的詔書，反映了漢武帝思才如鶩，求賢若渴的心情和豁達大度的帝王之風。為達到廣集人才之目的，漢武帝採用了確立和完善「察選」(即推舉)制、發展「徵召」制、創設「公車上書」(即直接向縣、州或朝廷上書，各級有專人負責此事。)和興辦「太學」(即培養各種官吏的學校或日培訓班)以育人才。正因為漢武帝重才愛賢，因而很快形成了一個人才輩出為他出謀劃策、為他效力疆場的局面。如文韜武略、智勇兼備的軍事家衛青、霍去

病，由於漢武帝的破格提拔，20 歲左右就被拜爲車騎將軍，率數十萬軍隊，前後期次率兵出塞抗擊進犯的匈奴，爲西漢王朝疆域的鞏固和擴大建立了不可磨滅的戰功；公孫弘向漢武帝建議關心人民生活、重視農業生產、明賞罰等而受到重用，官至丞相；財政專家桑弘羊在全國範圍內實行均輸、平準的經濟政策，先後理財 40 年，對國富民強起了重要的作用；探險家張騫出使西域；文學家司馬相如曾出使西南夷，由從文變成從政；農業科學家趙過被任命爲主管全國農業生產的搜粟都尉，等等。正是由於這些文臣武將得到漢武帝的量才錄用，使其各能竭忠盡智，才使漢武帝在位 54 年期間，取得了改革制度，反擊匈奴，開拓疆域等各方面的重大成就，從而使西漢王朝處於鼎盛時期。

禮賢下士，可以說是劉備納賢的主要特點，少年以販鞋，編織草席爲業的劉備，原先立志要幹一番事業，恢復漢室王業，因苦於沒有治國平天下的濟世人才，最初投靠公孫瓚，繼而先後歸曹操、袁紹、劉表等人，經常寄人籬下。爲此劉備四方尋找賢能之人，以成就帝業，以至後來演出了一出「三顧茅廬」的活劇。由於劉備真心實意地要招賢納士，才能三次到隆中的僻山鄉間去請諸葛亮出山。也正是由於劉備虛心採納了諸葛亮的謀劃，才得以開創出一個蜀、魏、吳三國鼎足而立的新局面。

「唯才是舉」是曹操的用人原則。曹操認爲：「天地間，人爲貴」，「爲國失賢則亡」。爲了實現一統天下的抱負，曹操曾先後三次下令廣招賢才。建安十五年（西元 210 年），曹操在《求賢令》中提出「唯才是舉」的選拔原則，打破了當時選人其家

世門第出身的藩籬。建安十九年（西元 214 年），他強調「唯才是舉」的主張，提出了品行好的人未必有才能，有才能的人未必品行好的看法，要求選拔人才不能求全責備。建安二十二年（西元 217 年），曹操又在《舉賢勿拘品行令》中，列舉出伊尹、傅說、管仲、肖何、曹參、韓信、陳平、吳起等人，說他們雖「負污辱之名，有見笑之恥」，但卻「卒能成就王業，聲著千載」。為此曹操下令，只要具有治國用兵之術的人才，不管其品行如何（或名聲不好，或不仁不孝等），只要知道的，必須推舉上報，「勿有所遺」。三次求賢令，真實地體現了曹操招賢不拘泥於小節，不求全責備的人才觀，只要能為他建功立業作貢獻，什麼人都要。正因為曹操「唯才是舉」，且能以大海般的胸懷招納賢才（他在《短歌行》中說：「山不厭高，水不厭深，周公吐哺，天下歸心」）因而，在他的週圍，謀臣幾百人，戰將數千員。

心得欄 ＿＿＿＿＿＿＿＿＿＿＿＿＿＿＿＿

＿＿＿＿＿＿＿＿＿＿＿＿＿＿＿＿＿＿＿＿

＿＿＿＿＿＿＿＿＿＿＿＿＿＿＿＿＿＿＿＿

＿＿＿＿＿＿＿＿＿＿＿＿＿＿＿＿＿＿＿＿

＿＿＿＿＿＿＿＿＿＿＿＿＿＿＿＿＿＿＿＿

＿＿＿＿＿＿＿＿＿＿＿＿＿＿＿＿＿＿＿＿

56

用人破除門第觀

　　松下幸之助是世界著名的管理者。馳名全球的日本松下電器公司創始人松下幸之助提拔山下俊彥為總經理是個慧眼識人才的生動故事。

　　山下俊彥原是一個普通的僱員，他被擢升為松下分公司部長時只有 39 歲，後來又歷任要職並當了公司的董事。他的經營管理成績卓著，具有出眾才能而且對公司內部因循守舊等弊端看得準，又銳意改革。松下幸之助發現了他的才幹，認為他是松下家族中根本找不到的傑出人才，在整個公司也是最優秀的「將才」。於是，松下幸之助不計門戶出身，力排眾議，破格起用山下俊彥。1977 年當山下俊彥年富力強時，就從一個名列第 25 位的董事，越過前面所有「老資格」的董事，直接擢升為總經理。山下俊彥當了總經理後，亦頗有松下幸之助的遺風。他重視有才幹的「少壯派」，親自破格提拔了 22 名具有戰略眼光、能力出眾的新董事。於是，松下電器公司的經營管理領導層力量，便在短短的幾年之內得到了空前的加強。人才是企業的活力和生命。在山下俊彥當總經理的第二年 (1978 年)，該公司的經營狀況從原來的「守勢」經營，很快變為積極進入的勢態。

在日本權威經濟刊物——《日經商業》雜誌列出的優秀企業排行榜上，本田汽車公司雄居榜首。日本「本田技研社」，專門招收個性不同的「怪才」。本田的職工一般是兩種人：一種是「本田迷」，即對本田車喜歡到入迷的程度，他們不計較工資待遇，而是想親手研製發明新型本田車；一種是一些性格古怪的人才，他們或愛奇思異想，或愛提不同意見，或熱衷於發明創造。本田認爲：對職工必須大膽委託工作，但要提出高目標。至於如何達到，主管無須指手劃腳，讓怪才們自己想辦法。「人只有逼急了，才能產生創造性」。在美國獲汽車設計大獎的本田新車型，都是那些被視爲「怪才」的人發明的。

有一次，公司在招收優秀人才時，主持者對兩名應徵青年取捨不定，向本田請求指示，本田宗一郎隨口便答：「錄用那名較不正常的人」。本田宗一郎認爲，正常的人發展有限，「不正常」的人反而不可限量，往往會有驚人之舉。這種用人方法，對本田公司創業不到半世紀就發展成爲世界超級企業起了相當大的作用。

57

聚結人才需要純熟的功夫

許多總經理常常慨歎：「我深知人才的重要性，也瞭解週圍那些是人才，如何才能把這些人才聚集在自己身邊，為我所用呢？」

有的人單純理解「聚才」為把人才死套在身邊，牢牢掌握在自己手中，這種所謂的「聚才」未免太過偏狹。正如當年曹操挾持徐庶的母親，使徐庶不得不歸附曹操，曹操便以為徐庶這個人才已被自己牢牢掌握住。結果，徐庶終生不為曹操獻上一計，即使在赤壁之戰中，寧可看著曹操的百萬大軍付之一炬，也不肯出來指點曹操一下，曹操的失誤究竟何在呢？在今天的人才競爭中，某些財大氣粗的老總動不動就開價上百萬元薪水，想盡辦法以利驅使，把人才吸引到自己的公司裏來。可是，結果發現，許多真正的人才寧願呆在簡陋的小公司裏，每個月領點僅夠養家糊口的小錢，過著艱苦的日子，也始終不肯為他效力，這又是什麼原因呢？

這就是由於總經理不懂聚結人才的方法。

任何用人行為，要想順利進行下去，要想人為我用，都必須同時具備兩個先決條件：第一，總經理願意使用下屬；第二，

下屬願意接受上級的使用。在某種意義上說,「讓下屬願意接受上級的使用」顯得更爲重要,難度也更大。所以,用人者不僅需要準確瞭解下屬的內心世界,而且還要在此基礎上,進一步征服下屬的人,使下屬打心裏信你、敬你、服你、愛你,甘心情願爲你效力。

徐庶終生不爲曹操出謀劃策,而諸葛亮卻爲劉備鞠躬盡瘁,死而後已,根本的差別就在於是否捕獲了被用之人的心。

總結古往今來聚結人才的方式,無外乎有三種,一是以德服人,二是以誠動人,三是以信制人。用人者只要牢牢掌握住這三點,並能很好地運用到具體的實踐中去,則天下賢才自然會被收入囊中,爲我所用。

1.以德服人

「以德服人」是一個聚才謀略。指一位統御者要想使手下的大臣、將領及百姓擁戴和誠服,並樂於接受他的領導和使用,必須以德服人;必須深明大義、品德高尙、以禮待人,只有這樣才能眾望所歸,人爲我用。如果心胸狹窄、任人唯親、公私不公、剛愎自用,靠暴力來控制人才,將會適得其反,民怨沸騰。

商朝末期,周文王爲了維護自己的統治秩序,取得民心,曾「以德感人,以德服人,予恩惠人,廣行仁政,厚恤下民」。周文王這種以德感人、以禮待人的政策,使百姓大爲感動,殷商的其他諸侯及百姓爭先歸順。

現在就可以回答徐庶爲何不爲曹操出謀劃策了。那就是因爲曹操是以卑鄙的手段挾持徐庶的母親,「黑」有餘而「厚」不

足，所以，世人認為曹操「缺德」，當然也就得不到徐庶的心了。

2.以誠動人

「以誠感人者，人亦誠而應。」

「百心不可以得一人，一心可得百人。」

管理者深深懂得，只有坦誠待人，以誠動人，善於以心換心，才能贏得他人的支持與合作。反之，如果你虛情假意，「別有用心」，則只能招來反感和敵視。

據《戰國策》記載：管燕有一次得罪了齊王，便問他的左右：「你們那位願意同我到別國去避一避呢？」左右聞言，皆默不作聲。管燕難過得流下淚來，歎道：「要用你們怎麼這麼難呢？」

有一個叫田需的答道：「我們幾天難得吃一次飽飯，而你卻總是吃好的且不說，連你養的禽獸也有吃不完的食物；你的妻妾穿的是綾羅綢緞，賓客們卻僅僅只能飽飽眼福。何況，財物對你來說是很普通的，而性命在我們這裏卻是很寶貴的。你不肯以普通的東西待人，卻奢望人家將貴重的東西報答你，這能怪誰呢！」

從這個故事中，我們不難看出，雖然管燕收羅了不少門客，卻不能真正地關懷他們、尊重他們，其心不誠，難怪他會發出「士何易得而難用」的感歎了。

英國前首相柴契爾夫人則是講求「以誠待人」的高手，她要「用」的是她的老上級、死對頭希思。

1975 年，柴契爾夫人擊敗前任希思，當選為英國保守黨領袖，從此與希思結下了「梁子」。

　　柴契爾夫人當選後，認識到爲了團結全部力量參加首相大選，必須彌合與希思的裂痕，恢復保守黨的團結，穩定自己的後院。由於希思在黨內追隨者不少，勢力不能低估，他又在國際上聲望較高，影響較爲巨大。沒有他的支持與合作，要戰勝執政的工黨，有較大困難。柴契爾夫人爲了獲得希思一派的支持，主動地摒棄前嫌，表現出一種虛懷若谷、不念舊惡的氣量，以誠相待希思。

　　她獲勝的第一個行動就是去拜會希思，熱情地邀請他參加影子內閣，但被希思一口回絕了。

　　柴契爾並未就此灰心，在以後的日子裏，她總是向別人讚揚希思的政績，又採納了一些希思的觀點。她的誠意終於感動了希思，希思也就順勢發表了對柴契爾夫人的「完全信任」，支持影子內閣的聲明。至此，柴契爾不僅確立了自己在黨內的領袖地位，而且贏得了一位最爲關鍵的人才爲登上首相寶座奠定了必不可少的基礎。

　　何爲「士爲知己者死」？以誠動人，人就視自己爲知己，死都能夠做到，還怕他們不爲自己效力嗎？

3.以信制人

　　在聚結人才的時候，總經理應以「用人不疑，疑人不用」的精神，對人才予以充分信賴，以此來取信於他人，從而使別人消除種種不安與疑慮，心無負擔地投靠到自己這裏。

　　人才願意爲己效力，首要的一條就是他要覺得你有安全感。這個安全感的建立，就需要你去做好。

　　作爲一個總經理或用人者，取得部下或他人的信任，比得

到使他們畏服的威勢更爲重要。西元前 200 年，曹操與袁紹展開了著名的官渡之戰。當袁紹的將領高覽、張頜二人，由於攻打曹營失敗，又遭袁紹的謀士郭嘉的誹謗，決定棄袁投曹時，曹操部屬卻怕二人有詐。

曹操卻說，即使有詐，只要厚待他們，也是可以歸心收服爲我所用的。於是把二人各封爲侯。這樣，兩人就安心在曹營中任職了，在曹操開始進攻袁紹營寨時，高覽和張邰都自願作先鋒，以表自己的忠心，把袁紹打得大敗。

在現代社會中，無論是一個政府機構，還是一個企業的領導者，如果能夠取信於人，自己的下屬就會覺得你可以信任，對你放心，從而也就願意爲你效勞，聽從指揮，服從約束。

「以信制人」的第二個方面就是要讓人充分信任自己。簡而言之，就是言出必行，一諾千金，這也體現「黑」的功夫。

謀略家在對敵鬥爭中，則多採用「兵不厭詐」的辦法，但在對待朋友和自己陣營的內部夥伴時，如果仍用詭計，就會落得眾叛親離的下場。因此，古今用人謀略家，無不強調信譽第一，誠忠爲上。把「信」作爲「聚才」之本。只要答應過的事，就要「言必信、行必果」，所謂一諾千金，贏得下屬或他人的信任，對自己的事業具有奠基的作用。

商鞅立木賞金的故事已經是眾人皆知、家喻戶曉了。當時，商鞅受秦王之托，要招納天下英才，爲了表示自己言出必行，就在城東門立了一根柱子。說：誰要是把這根柱子搬到西方去，就賞他五十兩黃金。結果，看的人雖然多，但卻沒人願意去試一試。終於有一位年輕人走了出來，他也許只是圖好玩，就把

那根柱子搬到西方去了，於是商鞅履行諾言，把五十兩金子賞給了他。

秦國的人才知道商鞅言出必行，可以信賴，便紛紛出山，投靠到他的門下，為秦國的改革付諸了努力。

諸葛亮當年準備進攻隴西時，長史楊儀報告說：軍中現有4萬人應該回去休息了。諸葛亮立即命令這些部隊收拾行裝，準備回去。這4萬多人將要啟程時，魏軍突然打來。楊儀建議，讓這4萬人留下，打完仗再走。諸葛亮說，用兵命將，以信為本，得利失信，古人所借，軍情再緊，也不能失信前言。諸葛亮讓大家按時啟程，並對他們說，你們的父母如此牽掛你們，我怎麼可以把你們留下呢？他的信譽感動了士卒，結果幾次下令，都不願意走。最後，諸葛亮無奈之下，只能令他們參戰，蜀軍大獲全勝。

諸葛亮第一次出兵祁山失敗後，不僅揮淚斬了誤失街亭的馬謖，重賞有功的王平，而且還引咎自責，上疏劉禪請求自貶三等。他「取信天下，言出必行，信賞必罰」，使得天下能人志士都被他的這種精神所感召，紛紛投靠到他的門下。

在現代社會中，某些領導者和管理者往往背信棄義、不守信用、不遵制度、出爾反爾，雖然在一定程度上，獲得了某種利益，但最終必然導致眾叛親離，只剩下一孤家寡人。

美國汽車業鉅子艾柯卡在接管瀕臨倒閉的克萊斯勒公司後，為節約資金，只能降低職工的工資，但他保證，等公司營利後，必將返還這部份工資。結果，當克萊斯勒在艾柯卡的一手改革下起死回生後，艾柯卡第一件事就是連本帶息返還了這

些拖欠的工資。這樣一來，公司上下都認爲艾柯卡可以信任，紛紛表示願意爲公司效力。結果，公司員工團結一心，公司的利潤逐年上揚。艾柯卡「以信制人」的謀略取得了神奇的功效。

總而言之，「以信制人」既強調要充分信任下屬或他人，又要求能夠做到令別人充分信任。用人者與被用者彼此信任，就會形成默契，上下同心，人才就會緊緊跟隨在自己的身後。

以德服人、以誠動人、以信制人，這是收服人才的三個法寶。說起來簡單，但做起來卻很難，像曹操這樣手下謀臣如林、猛將如虎的用人專家，都還會搞不定一個徐庶，足見「聚才」之難度了。

心得欄 --------------------------------

58
選人在範圍上要寬

「內不避親」的用人方略的似乎容易做到,而相比之下,「外不避仇」的用人謀略就是一門高深的學問了。而要多方面網織人才,就要擴大選擇範圍,善用「厚」的手段,化敵爲友。所謂「敵將先赦、仇者先封」,這個道理大家都知道,唐太宗啓用死對頭魏征、韓信誠拜老冤家李左車,我們都佩服他們的了不起之處,可是,曹操卻殺掉了武功蓋世的一代名將呂布,這又是爲什麼呢?可見,什麼樣的敵將可以赦免,什麼樣的仇者應當封官,的確是一個很難處理的問題。

清太祖努爾哈赤是清王朝事業的奠基人。他以十三副鎧甲起兵。經過數十年的艱苦創業,終於使滿族發展成爲能與明朝抗衡,最後戰而勝之的力量。這裏當然有許多原因,而努爾哈赤廣攬人才、善於用人則是其中的重要原因之一。在他最初起兵統一女真各部時就注意爭取各部的人才,並能化敵爲友,顯示了廣闊的胸懷,並被後人傳爲佳話。

明萬曆十一年五月,努爾哈赤以報仇爲名,揭開了統一女真各部的序幕。當時,女真各部互不統屬,「各部蜂起,皆稱王爭長,互相戰殺,甚且骨肉相殘」。努爾哈赤起兵之初就處在各

部勢力的包圍之中，幾乎到處都是敵對勢力。因此，最大限度地籠絡人心、爭取人才，是他面臨的首要任務。而努爾哈赤恰恰體現了這種廣闊的胸懷。

萬曆十二年四月一個雷雨交加的夜晚，有一名刺客潛入努爾哈赤的住所，準備行刺。努爾哈赤聽到窗外有輕微的腳步聲，警覺起身，他「佩刀持弓矢，潛出戶，伏煙突旁伺之」。這時，一個閃電劃破黑暗，他看見那個刺客正在窗前窺視，於是一個箭步躍上，用刀背將刺客拍倒，然後呼人將其捆綁起來。侍衛洛漢聞聲趕到，見此情況，提刀要斬刺客。努爾哈赤想：殺人容易，可一旦殺了他又要樹敵，於己不利，不如攻心為上，將其寬恕。於是，他大聲喝問：「爾非盜牛來耶？」刺客一聽，順勢回答是來盜牛。洛漢在一旁著急說：「謊言也！實欲害吾主，殺之便。」努爾哈赤非常冷靜，而且若無其事地說：「實盜牛也。」於是，放走了刺客。

五月的一個深夜，又有一個叫義蘇的人潛入努爾哈赤的住宅，準備行刺。努爾哈赤像上次一樣，迅速將刺客捉住，又將其釋放。這兩件看上去似乎是很平常的小事，卻產生了轟動性的效果。很多人認為努爾哈赤「深有大度」，而願意投奔他。這正是努爾哈赤所期待的結果。不僅如此，就連戰場上面對的敵人，努爾哈赤認為是有力之才，也能做到摒棄前嫌，化敵為友。

萬曆十二年九月，努爾哈赤率兵攻打翁科洛城，並親自登高勁射。當戰爭正在激烈進行的時候，翁科洛有一位守城勇士鄂爾果尼藏在暗處向努爾哈赤施放冷箭，努爾哈赤沒有提防，躲閃不及，被射傷了。他拔出帶血的箭，繼續指揮戰鬥。這時，

又有一個叫羅科的守城戰士借煙霧的掩護，潛到努爾哈赤近
處，一箭射中其脖頸，雖未中要害，但箭入肉一寸多。箭拔出
之後，「血湧如注」，「血肉並落」。努爾哈赤昏厥過去。攻城部
隊只好撤退。努爾哈赤傷癒之後，再次率兵攻陷了翁科洛城，
並生擒了上次射傷他的鄂爾果尼和羅科。眾人憤怒地要將二人
亂箭穿胸而死。在群情激憤的情況下，努爾哈赤顯得十分冷靜。
他非常欽佩二位勇士的英勇善戰，有意收為自己的部下，於是
對眾人說：「兩敵交鋒，志在取勝。彼為其主乃射我，今為我用，
不又為我射敵耶？如此勇敢之人，若臨陣死於鋒鏑，猶將借之，
奈何以射我故而殺之乎？」說罷親自為二人鬆綁，並好言安慰，
鄂爾果尼和羅科終於被這一舉動感動得流下了熱淚，他們當即
表示願意歸順努爾哈赤，並為其效力。努爾哈赤授二人為牛錄
額真，各統轄三百名壯士。後來，鄂爾果尼和羅科英勇作戰，
為努爾哈赤的統一事業立下了戰功。

努爾哈赤多次不記仇隙，寬恕仇敵，化敵為友，不僅使自
己的屬下「皆頌上大度」，而且使他在女真各部獲得了好名聲，
同時感召了敵人營中的人才。就此而言，努爾哈赤能以最初弱
小力量而統一女真各部也就不足為怪了。

叱吒風雲的拿破崙‧波拿巴在他的征戰生涯中，由於軍事
鬥爭的需要，非常重視「外不避仇」的用人謀略，對於曾經反
對過他，後又投到他的名下的人，或願意倒向他的外籍軍官，
只要確有真才實學，同樣信任提拔。

茹當先於拿破崙為革命軍的少將，霧月政變時，反對拿破
崙，後轉而擁護拿破崙。拿破崙摒棄前嫌，先命他指揮義大利

軍隊，後又任命他為西班牙國王約瑟夫的軍事顧問和參謀長。

卡爾諾將軍在拿破崙執政前，便是共和國政府的立法委員會代表、國民公會代表、公安委員會委員和督政員，霧月政變成功後即被委任為陸軍部長。他竭力反對拿破崙當「第一執政」和皇帝。幾年後，當他願為帝國效力時，拿破崙即委任他為安特衛普總督，後來又任命他為內務大臣。

選賢任能，不計前嫌，此乃統御之術。拿破崙善掌此術，外不避仇，知人善任，不拘一格，才使他成為統率勁旅，橫掃千軍的曠世偉人。

為什麼歷史上有許多傑出的政治家都能夠做到「不避仇敵而委以任用」這一點呢？

仔細分析起來，其實也很簡單，還是回到用人的出發點上，那就是「德才皆備」，只要是有德有才之能，就不應該因為一己私利而棄之不用，真正高明的用人權謀家，要成就大事，完全不會去注意個人的恩怨和感情問題，他們的眼裏只有「人才」和「無才」之分，沒有親仇這一概念。他們更為清楚的一點就是，如果能夠放手使用原來敵對陣營的分子或與自己政見不合的人，是表現自己寬宏大量、公正無私、求賢若渴的最好時機，也只有這樣做，才能廣納天下賢才！

59

選人的標準

　　克雷洛夫有一篇著名的寓言，說一個人懼怕鋒利的剃刀，
爲了不使自己的臉面受傷，而改用很鈍的銼刀來刮鬍鬚，結果，
不但鬍子沒有刮乾淨，還刮得滿臉是血。他最後寫道：「世上好
多人也是用這種眼光來衡量人才的。他們不敢使用一個真正有
價值的人，光搜集了一幫無用的糊塗蟲。」現代的領導者，理
應從這個極富哲理的寓言中，得到難得的教益。

　　日本企業在選人方面可謂費盡心機，因爲他們懂得選人的
要義：只有選得嚴格，才能用得準確，提高管理能力，從而收
到預期的效果。

　　日本企業的職工，之所以工作積極性高漲，首先就在於企
業選人有道。日本一家拉鏈廠爲選一個工廠主任，廠領導先後
同應聘的十餘位候選人交談，初步選中一個後，又把他放到好
幾個科室去分階段試用，試用合格後才最終確實留下來。美國
國際商用機器公司，是世界著名的高效能企業，它的領導人自
稱花在人事方面的精力比任何方面都多。該公司的銷售代表史
蒂夫說：「我曾與許多大公司的負責招聘的人洽談過，但是沒有
一家像國際商用機器公司問得那麼樣細，在他們決定錄用我之

前，至少有十幾個人和我談過話。」可見該公司選人之嚴。

選人要全面考察一個人的德才學識。識，是一個人的知識和智慧統一的表現，在現代的信息化的社會中尤爲重要。日本住友銀行招考新行員，總裁出了這樣一道試題：

「當住友銀行與國家利益雙方發生衝突時，你認爲如何去辦才適宜？」

許多人答道：「應以住友的利益著想。」

總裁的評語是：「不能錄用」。

另有許多人回答：「應該以國家利益爲重」。

總裁認爲，「答案及格，不足錄用」。

有少數人回答說：「對於國家利益和住友利益不能雙方兼顧的事，住友絕不染指。」

總裁認爲：「這幾個人有遠見卓識，可以錄用。」

日本電產公司招聘人才標新立異，就充分顯示了「黑」的手段。該公司招聘人才主要測試三個方面：自信心測試、時間觀念測試和工作責任心測試。自信心測試方法是讓應試者輪流朗讀或講演、打電話。根據其聲音大小、談話風度、語言運用能力來錄取。他們認爲，只有說話聲音宏亮、表達自如、信心百倍的人，才具有工作能力和領導能力。

時間觀念測試是看誰比規定的應試時間來得早就錄取誰。另外，還要進行「用餐速度考試」。如他們通知面試後選出的60名應試者在某日進行正式考試，並說公司將於12點請各位吃午飯。考試前一天，主考官先用最快速度試吃了一碗生米飯和硬巴巴的菜，大約用5分鐘吃完，於是商定10分鐘內吃完的

人為及格。應試者到齊後，12 點整主考官向大家宣佈：「正式考試一點鐘在隔壁房間進行，請大家慢慢吃，不必著急。」但應試者中最快的不到 3 分鐘就吃完了。截止到預定的 10 分鐘，已有 33 人吃完飯。公司將這 33 人全部錄取了。後來，他們大都成為公司的優秀人才。

工作責任心測試是新招的職工，必須先掃一年廁所，而且打掃時不用抹布刷子，全部用雙手。結果，可以把不願幹或敷衍塞責人淘汰掉，把表裏如一，誠實的人留下來。從品質管理角度看，注意把看不到的地方打掃乾淨的人，不只追求商品的外觀和裝潢，而且注意人們看不到的內部結構和細微部份，從而在提高產品品質上下功夫，養成不出廢品的好習慣。這是一個優秀的品質管理者應具備的美德。

日本電產公司正是採用上述奇特的招聘術獲得人才，使公司生產的精密馬達打入了國際市場，資本和銷售額增長了幾十倍。

60

知人善任是管理者必備的素質

量才用人，知人善任。知人善任是管理者必備的素質。

輔佐春秋五霸霸王齊桓公的管仲，年老體衰，不能處理政事，在家裏休養。有一天齊桓公來拜望他說：

「萬一您老人家去世了，國家的政治應該怎麼辦呢？」

「我已經很老，不太理政事了。俗話說『知臣莫若君，知子莫若父』，大王就自己做決定好了。」

「您不要這麼說，讓寡人聽聽你的意見吧！你的好朋友鮑叔牙怎麼樣？」

「所謂親友是私情，政治是公事。就公事而言，他不適合當宰相，因為他為人剛直傲慢，很像一匹悍馬。剛直會用暴力統治人民，傲慢則不能得到民心，強悍對下人發生不了作用，鮑叔牙不適合作霸主的輔佐。」

「那麼，您看豎刁如何？」

「他也不行。就以人之常情來說，沒有一個人不愛自己，但是他卻因君主好色的弱點，閹了自己，避免君主懷疑，這個人連自己都不愛，怎麼會敬愛君主呢？」

「那麼衛公於開方如何？」

「不可以。齊和衛之間只有十天的路程，爲了博得君主歡心，十五年之間他勤奮工作，不曾有過一天休息，也沒有返家探視雙親的健康。他連自己的父母都不保護，怎麼會保護君主呢？」

「易牙這個人如何？」

「不好，這個人巴結奉承。一聽到君主喜歡山珍海味，馬上就把自己的孩子蒸了獻給君主吃，連自己的孩子都不疼愛，又怎麼會愛君主呢？」

「那麼到底誰才是最佳人選呢？」

「就用囑朋好了，我保證他可以做得很好。」

齊桓公當時也覺得很有道理，點頭稱是。但是管仲去世以後，齊桓公並沒有起用囑朋當宰相，反而採用豎刁，三年以後，齊桓公南下狩獵，豎刁起而叛亂，殺死齊桓公。掌握天下霸業的齊桓公，就因爲不聽管仲的話而死於非命，大好江山拱手讓人。

管仲可謂知人善任的楷模。知人善任是管理者必備的素質。普通人需要別人對自己的信任，所以必須對別人善待。善待同樣需要知人，否則，本指望拍拍馬屁，求得一個提拔的機會，結果不識時務，拍馬拍到蹄子上，馬一撂蹶子，把自己踢個鼻青臉腫，那就虧大了。

61

不重學歷重能力

用人須打破條條框框，惟能力是重。「論資排輩」不足取，「重視學歷」也同樣應該被摒棄。

「殺兄奪位」的唐太宗，在當上皇帝以後，他的用人之道有很多獨到之處：

1.廣泛吸收人才

在李世民的智囊團中，大部份都是敵對集團的人。他吸收了原屬李密、王世充、竇建德集團中的不少傑出人物，吸收了瓦崗軍中的徐世勣、秦叔寶、程咬金等人，在攻破劉武周時招納了尉遲敬德，在攻破竇建德時招納了張玄素，在消滅李建成後啓用了魏征。「敵將可赦，敵者先封」的用人謀略在李世民那裏無疑是運用得最成功的。

李世民用人還能打破地區和派系觀念。有人曾向他建議：「秦王府的兵，追隨皇上多年，應該提升武職，作爲自己的親信。」李世民回答說：「我以天下爲家，惟賢是用，難道除了舊兵之外，就沒有可信任的嗎？」此外，李世民對於少數民族也待之如友，只要有才幹就委以要職。如史大奈、阿史那杜爾、執失思力等都當了將軍。

一代天驕元太祖成吉思汗，武功赫赫，用人特點是不分地位高低，只要忠心緊跟他打天下，且有才有德，就大膽破格授任，他打破了舊貴族用人的狹隘界限，不分民族和等級，只要有戰功、才幹和某方面特長，就可以晉升。從而，使成吉思汗的手下，聚集了如氏族奴隸身份出身的木華黎、者勒蔑等人。據《蒙古秘史》記載，在成吉思汗的麾下有4員大將和4個先鋒，其中7人均為奴隸出身。

2.用人不避親仇

李世民用人不計私人恩怨。魏征、王圭和薛萬徹等，原是李建成的得力部屬，魏征曾充當李建成的謀士，參與反對李世民的鬥爭。但玄武門事件李建成被殺之後，李世民都給以重用。長孫無忌曾向李世民提出此事，但李世民說：「過去他們是盡心做自己的事，所以我要用他們。」李世民用人的原則是：「為官擇人，惟才是與，苟或不才，雖親不用……如其有才，雖仇不棄。」李世民言行一致，身體力行。比如，李世民的堂叔父淮安王李神通，認為自己的官位低於房玄齡、長孫無忌而十分不滿，大發牢騷。李世民說，評功提官應該是「計勳行賞」，對皇親國戚也「不可緣私濫與勳臣同賞」。然後，他對叔父擺出房、長孫二人的功勞和才能，以及指出叔父帶兵無能和臨陣脫逃情況，李神通心服口服，情願當個閑官，不再鬧情緒了。又如，貞觀十七年(西元643年)，唐太宗的外甥趙節犯了死罪，李世民得知後下詔將趙節處以死刑，同時還將曾為趙節開脫的宰相楊師道(唐太宗的姐夫)降為吏部尚書，真正實現了他自己關於「賞賜不避仇敵，刑罰不庇親戚」。

3.不拘一格，惟才是用

李世民用人，不計較出身和經歷，只要有才，一律加以重用。他在總結自己成功經驗時說：「自古帝王都怕別人比自己強，而我看到別人的長處就像自己的一樣；人的才能不能兼備，我棄其短，取其所長；當君王的常常對賢者想佔為己有，對不肖者欲置之溝壑，而我則對賢者敬重，對不肖者關心，使他們各得其所；當君王的多不喜歡正直的人，甚至對他們暗誅明殺，而我則重用大批正直之士，沒有責罰過他們；自古都以中華為貴，以夷為賤，而我則同樣看待他們。這五項，是我取得成功的原因。」李世民善於用人所長。魏征熟知歷史之興衰，通今博古，敢犯顏力諫，被任為諫議大夫。皇甫德忠貞正直，任用為監察禦史。房玄齡、杜如晦等善於應物和謀斷，任用為宰相。有一次，唐王朝需要挑選一位刑部侍郎（刑部的副長官），叫宰相提出人選，多不合意。李世民想到李道裕能堅持按刑律辦事，曾堅決反對朝廷的錯誤判決，於是最後決定提拔李道裕任刑部侍郎。

李世民特別注意發現和提拔正直而有才能的人。一次，他令文武大臣寫書面材料評論朝政。他發現中郎將常何提出的 20 多條意見，言皆中肯，文有條理。經瞭解，原來是常何的一位孤貧落拓的門客馬周代筆所寫。李世民立即召見馬周，和他交談，認為他有才能，又敢於直言，就提拔他到朝廷任官職。常何則因發現人才有功，賜帛三百匹。後來，馬周果然正直穩重機敏，敢於諫諍，而官至宰相。還有一次，李世民聽說景州錄事參軍張玄素有才，就親自召見，問以治國之道，玄素對答如

流，並且很有見解，便提拔他任侍御史。

　　李世民更難能可貴的一點是，他的下屬來源複雜、派系林立，而他卻能居中調節，權力制衡，使他們都能一心為國為民，為自己效命。唐太宗李世民的權謀當然不僅僅只是登極和用人兩方面。他使人納諫，從善如流，以人為鏡而知得失；他統兵打仗，活用兵法，善以奇兵克敵制勝；他鞏固正權，加強「三省六部」制，將天下牢牢掌握在手中；他教育子女，作《帝範十三篇》，以求根正；他勤政廉明，禮賢下士，體恤民情，創造了空前的文明詩史。

　　就某一方面的權謀而言，歷史上或許有許多名家皆在李世民之上，但就權謀的全面和博大精深來說，李世民無疑是古往今來第一人。

　　看看現在的各種「人才信息」，動不動就要求是「碩士」或「博士」，固然，博士、碩士的知識水準要更高一些，但這只是整體比較，並不是說這些碩士、博士就一定能勝任工作，才能就真的比別人出眾，在我們週圍，所謂的「傻博士」難道還不多見嗎？用人惟才，然而，如果把才能用單純的文憑或學歷來衡量，未免太死板了。

　　日本著名企業家，西武集團的總裁堤義明用人的一項原則就是不盲目相信學歷，這幾乎是日本企業界人人皆知的事實。

　　他曾多次說過：「學歷只是一個受教育的時間證明，並不等於證明一個人真的就有實際的才幹。」所有經過考核進入公司的新職員，無論你是什麼學歷，頭三年都只能派到很低的職位上充當小雜役。堤義明說，他們需要經過三年磨煉期，才可以

進入其他部門任職。

堤義明這套 3 年定奪的人才篩選法，在西武集團年復一年
地沿用。結果，很多人在進公司之前是來自於名牌大學，是許
多大公司爭聘的熱門對象，經過三年的磨練，他們仍舊不乏聰
明才智，只可惜因為誤用了聰明條件，沒有好好地投入工作，
結果表現平平，沒有能夠取得上級主管及同事們的信賴。而少
數沒有學歷條件卻有職業誠意的普通人，卻學到了足以應付更
高一級職務必備的技能，他們比所謂的聰明人爭取到了較好的
出路和工作安排。

堤義明用人的成功之處，就在於讓所有的人進入他的公司
後，絕對不能以學歷、金錢、血緣或其他人為關係取得晉升的
機會，每個人在他的管理了，都享有同等提升甚至挑選進入董
事會的機會。

這種做法，使西武集團內部出現一種很特殊的現象，就是
沒有人會拿自己讀過什麼大學來炫耀，甚至誰也不提自己過去
的學歷。他們都明白：只要一邁進西武集團的門檻，學校的文
憑就隨即成為一張廢紙。結果，公司內部一視同仁，彼此謙虛
互愛，眾志成城。

堤義明「不重學歷」還收到一個奇效，那就是無論有學歷
或無學歷者都爭著到西武集團，對有學歷者而言，想憑自己的
本事證明學歷與才能是成正比的；無學歷者也慕名而來，因為
他們知道在西武集團能夠有用武之地，施展渾身才幹。

62

不拘一格提拔重用人才

人盡其才之策，對國家是大計，對企業公司而言，更是良策。

美國福克斯公司總經理史高勒斯所屬的一家資本達百萬美元的電影院，由於經營不善，虧損嚴重。

有一天，史高勒斯為搞清原因，突然來到亞特蘭大城中的這家電影院。這時已是上午 11 點鐘，電影院裏只剩一名年輕的小職員。史高勒斯問他：「經理在那兒？」

小職員回答說：「經理還沒有來。」

史高勒斯又問：「副經理呢？」

小職員又回答說：「也沒有來。」

史高勒斯又問道：「那麼兩位經理都沒來，電影院現在由誰來管理呢？」

小職員回答說：「我在臨時管理。」

史高勒斯聽完後，當即對這位忠於職守的小職員宣佈：「從現在起，我作為這家電影院的領導者，決定你就是這家百萬美元電影院的經理。」同時，史高勒斯又宣佈對失職的兩位經理解職的處罰。不久，這家電影院就扭虧為盈了。

史高勒斯突然下訪電影院，瞭解到這家電影院真正虧損的原因就在於原來的負責人沒有責任心。由此斷定，只要選擇一個責任心很強的人來管理這家電影院，就一定能夠改變現狀，扭轉局面。他的暗訪無意中碰到了這位小職員。從他的身上，史高勒斯尋找到了自己所需的東西，這位小職員就是他所需要的人才。於是，他當即宣佈任命他爲新的經理，這麼做的目的就是讓小職員知道，他用他的惟一原因只在於他忠於職守。小職員明白這一點，當然就會多花精力和功夫，各方面都更加賣力，這樣一來，電影院當然能夠扭虧爲盈了。

人有大才，不激發就很難出得來，如果人才沒有激情，就不能完全發揮出部下的全部能量，所以，激發潛能就成爲用人者的一大謀略之術。

漢高祖劉邦其實只會一門學問，但就是這門學問，卻讓他得到了天下，坐上了龍椅。

劉邦，西漢王朝的開國皇帝。年輕時遊手好閒，三十多歲當了一個小小的泗水亭長。秦朝末年，繼陳勝、吳廣起義後，劉邦與同鄉好友蕭何、曹參等殺死了沛縣縣令，舉行起義。先是投靠了項梁、項羽起義軍。在推翻了秦王朝統治以後，又與項羽分庭抗禮，爭權天下，進行了爲期五年的楚漢之爭，於西元前 206 年打敗項羽，登基稱王，建立了中國歷史上時間最長的朝代——漢朝。

劉邦在歷史上，總是給人一個流氓無賴、陰詐小人的形象。關於他的人品，我們無意去評論，單就權謀而言，也給我們留下了一個疑問，劉邦到底是憑藉什麼才能坐上王位呢？

經過深入研究與分析，我們才發現，原來劉邦所精通的只有一間權術，但就是這門權術，卻使得他足以擊敗「力拔山分氣蓋世」的楚霸王項羽，足以能夠龍袍加身，君臨天下！這門權術就是用人。毫不誇張地說，劉邦稱得上是古今中外幾千年來最懂得用人的權謀家。

劉邦自己也知道這一點，在一次慶功宴上，他對群臣說：「據我想來，得失天下原因，須從用人上說。試想運籌帷幄，決勝千里，我不如張良；鎮國家，扶百姓，運餉至軍，源源不絕，我不如蕭何；統百萬兵士，戰必勝，攻必取，我不如韓信。這三個人是當今英傑，我能委以任用，所以才得到天下。」

劉邦的話不假，縱觀秦末豪傑，乃至整個歷史上的帝王將相，劉邦最善用人。他本無賴出身，文不能文，武不能武，如不是善於用人，又怎能當得上皇帝呢？既然劉邦用人權謀如此之奇妙，就讓我們一起來看看，他在用人方面到底有何過人之處。

劉邦用人不拘身份、地位、惟才是用。張良、蕭何和韓信被劉邦稱爲「興漢三傑」，他們是他建功立業、改朝換代的最得力助手。張良原是韓國貴族，曾結交刺客狙擊秦始皇於博浪沙（今河南原陽），他曾向劉邦提出不立六國後代，聯結英布、彭越、韓信等軍事力量的策略，又主張追擊項羽，徹底消滅楚軍，均爲劉邦所採納，蕭何原爲沛縣小吏。曹參輔佐劉邦起義，當起義軍進入咸陽時，他不但及時規勸劉邦不能貪圖享樂，並用政治家、戰略家的眼光，迅時取出秦政府的律令圖冊，很快地熟悉了各種法律條文和全國山川險要、郡縣隘口等情況，還推

薦韓信為大將，自己以丞相身份留守關中這一戰略後方，源源不斷地向前線運送兵源糧草，終使劉邦在楚漢戰爭中取勝。韓信是貧困潦倒的流浪漢，曾在項羽部下當一名管糧草的小官，他投奔劉邦很快被重用，出任大將後，用兵如神，屢建戰功，成了劉邦打敗項羽最關鍵性的人物。正是由於劉邦廣集良才，任賢使能，才使他的麾下聚集了一個由不同社會階層、不同出身和閱歷的賢能人物組成的強大人才集團。諸如：陳平出身貧困，做小官時貪污受賄，且與嫂子關係曖昧，素有「盜嫂受金」之譏。他投奔劉邦後，被任以護軍中尉之職，他曾建議用反間計，使項羽不用謀士范增，並以王位去籠絡大將韓信，為創建漢王朝霸業作出了重大貢獻。曹參是沛縣的一位小吏；周勃以編席為業，兼當吹鼓手幫人辦喜、喪之事；樊噲是宰狗的屠夫；灌嬰是布販；夏侯嬰是馬車夫；彭越、黥布是強盜；叔孫通原是秦王朝皇帝顧問的博士；張蒼是秦王朝典掌文書檔案的禦史，等等……這些人的成分都很複雜，出身各異，但劉邦卻能信而用之，這一方面說明劉邦用人的標準明晰，就是有人有能就行，另一方面，這些人性格各異，脾氣迥然，而劉邦卻能讓他們和平共處，一起為自己效命，足見劉邦真正的過人之處。

劉邦善於識人，更善於用人，他能根據人才的特長分配工作，讓他們發揮自己的特點，人盡其才。對於身邊的下屬，劉邦更有深刻的瞭解。

劉邦臨死前，呂後問劉邦，他去世以後誰能輔佐幼主劉盈治理天下。

劉邦說：「蕭何年老了以後，曹參可以繼任。」

呂後又問：「曹參以後誰可接替？」

劉邦說：「王陵可以接任。但是他太厚道老實，要讓陳平幫助才行，陳平足智多謀，可補王陵的不足，但要他獨當全局，還難以勝任。周勃文化水準低，但為人樸實，以後幫劉氏安定天下的，非他莫屬，可以任用他為太尉。」

劉邦的分析很正確。在他死後，以上這些人的表現和劉邦的分析基本一樣。

劉邦用人學問中最獨到的一點是，他通常能根據不同的時期與形勢，採取不同的用人策略。這從他對韓信的態度和使用上可以清楚地看出來。

當勢力薄弱時，卑躬屈膝。韓信初到漢營時，還屬無名小卒，劉邦看不起他。但他聽蕭何說韓信是一個大將之才，可以幫助他打天下時，馬上放下了漢王的架子，築了一個高臺，舉行隆重典禮，畢恭畢敬地拜韓信為大將，並向全軍宣佈說：「凡我漢軍將士，今後俱由大將軍節制，如有藐視大將軍、違令不從者，盡可按軍法從事，先斬後奏。」那種謙恭卑順的樣子，令全軍上下莫名其妙。

當形勢不利時，慷慨讓步。漢高祖四年，這時劉邦在成皋戰場失利，急需把韓信、彭越等部隊調來支援正面戰場。不料此時已攻佔齊地的韓信，正巧派使者來，要求劉邦封他為「假王」，以鎮壓齊國。劉邦大怒道：「怪不得幾次調他一直按兵不動，原來是想自己稱王！」這時正在身旁的張良、陳平趕緊用腳踢了他一下。劉邦恍然大悟，急忙改變口氣，對韓信的使者說：「大丈夫平定諸侯，做王就該做真正，為何要做假王呢？」

於是派張良爲特使，正式封韓信爲齊王。韓信受封後，果然高高興興地率兵來參加正面戰場作戰。

當功成名就後，心狠手辣。劉邦稱帝后，大封自己的同姓弟子爲王，同時總認爲那些在戰爭年代封的異姓王公，居功自傲，藐視皇帝。於是決定先拿韓信開刀，除掉異姓王。於是，劉邦在高祖六年，宣稱巡遊丟夢澤，約定在陳地會晤諸侯。當韓信奉命到來時，劉邦以有人告他謀反爲由，令武士將其拿下。當韓信申辯時，劉邦厲聲說：「有人告你謀反，你敢抵賴嗎？」把韓信押回洛陽後，因查無實據，便把他降爲淮陰侯，軟禁在京城。呂後洞悉劉邦的心意，在一次劉邦出京平反時，把韓信誘到長樂宮殺掉了。

劉邦的用人權謀，既有坦誠恩惠，又有詭詐刁滑，作爲一位出色的權謀家，這些用人策略的交替使用，是其事業成功的重要基礎，是其一掌乾坤，登極封王的關鍵所在。

劉邦在歷史上，無疑是獨樹一幟的，他不像曹操、李世民那樣文韜武略兼而有之，身先士卒，垂範天下；也不像康熙、朱棣那樣借助龍脈相承，挾先人之餘威而君臨天下，他所憑藉的，只是一門用人之術。

毫不誇張地說，在用人的謀略方面，劉邦堪稱是古往今來的第一人。他不僅懂得識人，而且善於用人，他把「用人權謀」作爲一個系統來研究與運用，能根據不同的歷史時期和處境遭遇，來確定自己的用人策略，以不變應萬變。他的用人權謀，已單純從個體的「人」抽象出來，不從人的角度出發去談論用人，而是從謀略體系的角度去用人，如此高明的用人權術，試

問天下又有凡人趕得上呢？

　　研究了劉邦的用人權術，我們才終於深悟：原來劉邦得到天下，完全不是一個偶然，他也有自己稱雄天下的資本。他將這門權謀研究得頭頭是道，運用得淋漓盡致。

心得欄

_ _

_ _

_ _

_ _

_ _

63

用人所長，事半功倍

孔子曾有一個用人之長的故事：

有一次，孔子過街，他騎的馬不小心吃了別人的糧食，糧食的主人特別生氣，就把馬扣留下來。孔子有名的弟子子貢前去討馬，費盡百般口舌，仍是無功而返。

孔子聽後，說：「你是不合適去做這件事的。」於是另派馬圖去找那戶人家說情。馬圖到了主人家，對主人說：「如果你不是出去耕田，我也不去到處遊玩，你專心守你的糧食，我認真管好我的馬，我的馬又怎麼會去偷吃糧食呢？」主人大喜，把馬解開歸還了孔子。

馬圖說的話至情至深，所以此人能聽進去，但子貢為人文質彬彬，總喜歡舞文弄墨，像糧食主人這類人，沒有文化，為人粗野，又怎會有耐心去聽子貢說教呢？

選好人更要用好人。選得好，用得不當，也是一種莫大的失誤。1979 年被聯邦德國企業界評選為最優秀的女企業家霍爾姆，她作為聯邦德國最大的冷軋鋼廠的領導人，在訪華時說：「作為一個企業家或者經理，應當知人善任，瞭解每一個下級的工作能力和特長。在部署工作時，應將合適的人，放在適合他能

力和特長的崗位上。公司經理要有領導他人的才幹和經驗，這一關，比產品本身更重要。」美國著名企業家「鋼鐵大王」卡內基，他的墓碑上鑴刻著這樣一句話：這裏安葬著一個人，他擅長把那些強過自己的人，組織到他服務的管理機構中。

因此，作為一個公司總經理，不一定非要是每一門的專家，事實上這也不可能做到，但他必須有一般人所不具備的用人的才幹。金無足赤，人無完人。世上的全才是不存在的，你只能找到某一方面或某一項工作的有專長的人才。所以，總經理用人的要點在於用人所長。用其所長，下屬工作積極，管理效能鮮明，事半功倍。倘若用非所長，勉為其難，讓勇士去繡花，那真是極不明智的安排。用人用他的長處，就要用「厚」容忍他的短處。美籍學者杜拉克在《有效的管理者》一書中說：「倘若要你所用的人沒有短處，其結果至多是一個平平凡凡的組織，所謂樣樣都是，必然一無是處。才幹越高的人，其缺點也往往越明顯。有高峰必有低谷，誰也不可能是十項全能。與人類現有博大的知識、經驗，能力的匯總來相比，任何偉大的天才都不及格。一位經營者如果僅能見人之短而不能見人之長，從而刻意於挑其短而非著眼於展其長，則這樣的經營者本身就是一位弱者。

清代魏源曾提到：「用人者，取人之長，避人之短」，此乃對現代領導者最起碼的用人要求。

其實，人們的短處和長處之間並沒有絕對的界限，許多短處之中可以蘊藏著長處。有人性格倔強，固執己見，但他同時必然頗有主見，不會隨波逐流，輕易附和別人意見；有人辦事

緩慢不出活,但他同時往往有條有理,踏實細緻;有人性格不合群,經常我行我素,但他可能有諸多創造,甚至是碩果累累。領導者的高明之處,就在於短中見長,善用長處。唐朝大臣韓混有一次在家中接待一位前來求職的年輕人,此君在韓大人面前表現得不善言談,不懂世故,脾氣古怪。介紹人在邊上很是著急,認為肯定無錄用希望,不料韓卻留下了這位年輕人。因為韓混從這位年輕人不通人情世故的短處之中,看到了他鐵面無私,耿直不阿的長處,於是任命他「監庫門」。年輕人上任以後,克盡職守,庫虧之事極少發生。清代有位將軍叫楊時齋,他認為軍營中無無用之人,聾子,可安排在左右當侍者,可避免洩露重要軍事機密;啞巴,可派他傳遞密信,一旦被敵人抓住,除了搜去密信,也問不出更多的東西;瘸子,宜命令他去守護炮臺,可使他堅守陣地,很難棄陣而逃;瞎子,聽覺特別好,可命他戰前伏在陣前聽敵軍的動靜,擔負偵察任務。楊時齋的觀點固然有誇張之嫌,但確實說明了這樣一個道理:任何人的短處之中肯定蘊藏著可用之長處。

現代企業中善於用人之短的企業家也確實大有人在。聽說有這樣一位廠長,他讓愛吹毛求疵的人去當產品品質管理員;讓謹小慎微的人去當安全生產監督員;讓一些喜歡斤斤計較的人去參加財務管理;讓愛道聽塗說,傳播小道消息的人去當信息員……結果,這個工廠變消極因素為積極因素,大家各盡其力,工廠效益倍增。

一位知人善用的總經理指出:由於智力結構思維素質的不同、心理素質的差異、成長環境的差別,每個人都互有長短,

各有千秋，有的擅統全局，有綜合能力，可爲統帥之才；有的攻於心計，擅長出謀劃策，可爲參謀之才；有的長於舌戰，頭腦靈活，可爲外交人才；有的能說會道，有經濟頭腦，可爲推銷之才；有的形象思維能力強，可向藝術領域發展；有的抽象思維能力強，可進軍科技領域，必會有所建樹。甚至，同樣類型的人才在處理同樣事務時，由於其心理素質上或其他方面的差異，其表現手段、方法也會有所不同，結果自然也就會大相徑庭。正確的用人之道，就是惟才是舉，任人唯賢；用其所長，避其所短。「尺有所長，寸有所短」，任何人有其長處，也必有其短處。人之長處固然值得發揚，而從人之短處中挖掘出長處，由善用人之長發展到善用人之短，這是管理者用人藝術的精華之所在。

美國鋼鐵大王卡內基在用人方面，特別注意了非常重要的一條，這就是：只要有才能的，就應該重用，用人之長，避人之短。在卡內基的奮鬥中，他始終堅持這一原則，從而爲自己爭取了一次又一次的機會。

有一個出身貧賤的青年成爲卡內基公司的職員，儘管他工作十分勤勉，也十分出色，但是那些出身高貴的部門經理常常看不起他，並時常向卡內基大進讒言。

卡內基並沒有一味偏聽偏信，他經過親自調查，發現這個青年相當出色，因此不顧其他人反對，毅然提拔了這個青年。果然，不出卡內基所料，這個青年成爲了一個相當出色的管理人才。

卡內基就是這樣，有才能必受重用，不在乎其他方面怎樣，

而且並不因爲此人有弱點而棄之不用。他發現了一個道理，就是某個人在某一方面有弱點，在另一方面肯定會較別人更強。揚長避短，充分發揮一個人的長處，從而使他們更好地爲他的企業而工作。

同時，這部份人因爲得到卡內基的信任，勢必會加倍努力來證明他們自身的價值，也促進了卡內基事業的發展。

卡內基的用人藝術的確十分出眾，也正是因爲他出色的用人藝術，才使得他獲得了職員們的普遍信任，拉攏了眾多的人才，從而奠定了他成爲億萬富翁的基礎。

揚長避短，首先要求用人者要深知他人的長處和短處到底在那裏，其次要根據具體的事情去決定用什麼樣的人。要就事論人，而不是就人論人。某些人，平日給人的一貫印象或許是才識廣博、能力出眾，另一類人或許不學無術，遊手好閒，可是，如果用人者高明一點，也會發現這些所謂「優才」身上的缺點，「劣才」身上的優勢，從而因人而用。

南唐廣陵人徐鉉以學識淵博、見多識廣、通達古今聞名於北宋朝廷。有一次，江南派徐鉉來納貢，照例要由朝廷派官員去作陪伴使。滿朝文武都因爲自己的辯才不如徐鉉而生怕中選，宰相趙普也不知究竟選誰爲好，就去向宋太祖請示。

太祖命令殿前司寫出十個不識字的殿中侍者的名字，太祖御筆一揮，就隨便了圈其中一個人的名字，說：「這個人就可以。」這使在朝的官員都大吃一驚。趙普也不敢再去請示，就催促那個人趕快動身。

那位殿中侍者不知爲什麼派他做使臣，又得不到任何解

釋，只好前去執行命令。一上船，徐鉉就滔滔不絕，口若懸河，週圍的人都嘆服他的能言善辯。那位侍者大字不識，當然無言以對，只是一個勁點頭稱是。徐鉉愈發喋喋不休，極力與他交談。一連幾天，那人從不與徐鉉接荏，徐鉉摸不透他的深淺，等徐鉉說得口乾舌燥，疲憊不堪時，再也不吱聲了。

人才充盈雖好，但還需知人善任，量才器使。

所謂「兵來將擋，水來土掩」，如果用人者非耍弄個「兵來土掩，水來將擋」，恐怕就要鬧出笑話了。所以，「因事而選人，選人觀其長」的策略是非常重要的。

心得欄

64

讓每個下屬都盡職盡責

領導者應該清楚並做好自己份內的事，一個領導者，一定要強調部下各司其職，做好份內的事。

有一天晚上，韓昭侯喝醉酒在打盹，負責冠帽的人唯恐他受寒，於是拿衣服幫他蓋上。不久之後韓昭侯醒來，讚賞這個有心人，很高興地問左右：

「是誰替寡人披衣的呢？」

「負責冠帽的人。」

韓昭侯認為負責衣襟的小吏失責，而負責冠帽的人逾職，於是把兩人都加以處分。

又有一次，韓昭侯外出打獵，坐在馬車上時，發現纖繩鬆動，於是提醒車夫：「纖繩好像鬆了。」

車夫回答：「是鬆了。」

到了獵場之後，韓昭侯逕自去打獵，陪乘的小吏就把纖繩修綁好。韓昭侯狩獵結束，乘馬車時，發現纖繩已經修好了，於是問：「是誰弄好的。」

陪乘的人說：「是我。」

韓昭侯又同時處罰了這兩個人。

要懂得擺正自己的位置，清楚那些是自己份內的事，必須盡力做好；而不去注重那些細枝末節。

樊遲想親近農人，讓農民信服他，於是跑來請教孔子有關農夫栽培穀物的方法。孔子說：「這些事問農夫就可以了，他比較清楚。」

樊遲又向孔子請教栽培蔬菜的方法。孔子回答：「農夫比我更清楚這件事。」

聽到孔子這些話之後，樊遲不得要領地走了。孔子說：

「樊遲永遠只能做個小人物。在上位的人如果喜愛禮節，下面人一定也會喜愛；居上位的人講義氣，下面的人一定會信服；居上位的人講信用，下面的人自然會以真誠來對待他。至於農業技術則是最後的事了。」

於夏聽了孔子的話以後說：

「先生說得十分有道理，技術無論再有用，在達到目標的過程中，都可能成為絆腳石，這就是君子不去看這些小技術的原因。」

在設定大目標的時候，不要因為身邊繁瑣的小事而更改志向。如果一直為繁事憂煩，所有的志氣都會因此磨蝕一空。

像樊遲這種人主政卻一心想從自己不熟悉的農事做起，不但不能把農事學好，也會荒廢自己份內的事，難怪孔子要說他是小人物了。人在社會上要各司其職，才可能使整個社會體系很順利地運轉。在上位的人應該想辦法讓屬下有更好的發展，而不是自己也投入同樣的生產行列裏。

1.凡可以授權給他人做的，自己不要去做

古人說:「爲將之道，在能用兵;爲君之道，不在能用兵，在能用用兵之人。」「良將無功」是《孫子兵法》上的一句話，說的是一名優秀的將領，不應去追求那些細小的戰功，而應統率全局，胸懷大志，謀慮戰略上的進取。他所追求的不是那些微小低效之功，而是更高層次更具有重大意義的功，從而由「有所小爲」轉向「有所大爲」。棋譜上有句話:「善奕者謀勢，不善奕者謀子。」這些都是領導者所推崇的。

美國前總統羅斯福有一句名言:「一位最佳領導者，是一位知人善任者，而在下屬甘心從事於其職守時，領導要有自我約束力量，而不可隨意插手干涉他們。」任意干預下一層次工作的後果必然是:浪費了自己寶貴的時間和精力，還會造就沒有主見，沒有責任感的下屬，又反過來加重自己的負擔。同時，事必躬親的總經理肯定無法留住真正的人才，因爲任何有創見有能力的下屬絕不希望總經理時時相伴左右，更不甘心於在總經理框定的圈圈內不越雷池一步。所以，國外許多有關領導理論的論著中都強調指出:凡可以授權給他人做的，自己不要去做。當你發現自己忙不過來的時候，你就要考慮自己是否做了下屬可做的事，那就應當把權力派下去。

英國通用食品公司的管理條例中甚至明文規定:「上級主管不得撇開職工的直接領導，向該職工直接發佈命令、擢升和懲戒等。」

諸葛亮高風亮節，謀事如神，堪稱後世楷模。但他有一個致命弱點，就是「事必躬親」。對此，諸葛亮解釋說:「吾非不

知，但受先帝托孤之重，惟恐他人不似我盡心也！」於是，他「寢不安席」，「夙夜憂歎」。最後，這顆智慧之星只活到 54 歲就隕落了。人們在讚譽他運籌帷幄的超人才智和「鞠躬盡瘁，死而後已」的忘我精神之餘，則又對他事必躬親的作風不勝惋惜。出師未捷身先死，壯志難酬恨終天的教訓值得現代領導者記取。

企業總經理深入基層，不僅有助於瞭解情況，聯絡下層和加深同職工的感情，而且可以從群眾中吸取智慧的營養，改善自己的領導，提高領導工作效率。在特殊情況下，也需要總經理在第一線身體力行，甚至身先士卒。但是，這些不應該是總經理的主要職責！其實，這是顛倒了領導工作的主次。長期在第一線從事工作的主管未必是一個好主管。因為時間畢竟是個常數，你去從事大量的工作實踐，必然導致疏於領導職守。主管應該指導和統率群眾前進，從事領導應該從事的領導管理工作；而不應代替群眾前進，去從事一名普通群眾能夠從事的體力和腦力工作。

如果只能帶頭大幹苦幹，而不善於也不去做組織管理領導工作的，他應該是一名工作模範，而不是一名合格的總經理。有一位廠長，他的主要業績在於做好廢品的回收利用。有一次幾位日本商人參觀這家工廠，請這位模範廠長介紹經營管理之道，他講了許多廢品回收利用的事情，然後請助手們談工廠的經營管理情況。日本客人臨走時留下這樣一句話：這位廠長應該是一名優秀的廢品收購站站長，而不應該是模範廠長。

要做到不顛倒工作的主次，企業總經理必須有「良將無功」

的觀念。有位著名企業家曾經這樣說過：「一位成功的企業家必定每天有 80%的時間，處理目前生產無關的事情。」如果企業家每天 100%的時間都在處理日常事務和當日的生產活動，那麼就說明兩個問題：一是企業的生產經營是不正常的，需要你投入全部的精力；二是企業的組織機構是不合理的，即下面的職能機構和基層部門要麼不鍵全，要麼不得力，以致使領導者得把全部精力用來處理日常瑣碎的事務。一位成功的企業家，每天只要看看報表，到各部門走一走，佔去 20%的時間就可以了。剩下的 80%的時間，應該是考慮企業的明天，考慮企業在市場競爭中如何發展。大事小事一起抓，甚至是去大求小，去本求末的企業領導者，決不是一個好的領導者，他所領導的企業肯定是毫無生機，沒有發展前途的。

總之，樣樣管是小手工作坊的習慣，事必躬親是家長制領導的傳統，「群眾身上流多少汗，領導身上也要流多少汗」是小生產管理的美德。這些都是現代企業領導者應該力求避免的。

2.奪僅能「以身作則」還不夠

諸葛亮鞠躬盡瘁，死而後已的精神，這是一個企業家必須學習的敬業精神。另一方面，從人事管理學的角度看，諸葛亮失也失在事必躬親上。司馬懿說他「食少事煩，豈能長久」的確擊中了要害。事情不是一個人做得完的，這個道理諸葛亮不懂。在人事管理學看來，正是由於工作不是一個做得完的，而且也不能處處照顧週到。因此，要由部屬們分層負責。所以，經營者最好具備安慰、鞭策部下的態度，給他們力量，使他們能夠順利工作。這樣的經營者，即使在工作上碰到困難時，也

會給部下恰當的建議。

松下幸之助說：「以身作則可以說非常重要，但光是這樣還不夠。如何把工作交給部下是相當重要的一件事。不久之後，部下必會善盡自己的職責，可代替上司的工作，能力甚至會超過上司。凡是擁有眾多這類人的公司或集團，必然會有長足的進步。」根據這樣一種認識，日本許多企業都制訂了發揮各級部門能力的管理條例。松下電器公司早在 1933 年就採取同一產品幾個事業部相互競爭的體制，各事業部像一個獨立企業那樣具有獨立性，部長擁有處理一切日常事務的自主權。結果，被委以重任的人感激不盡，以自己拼命工作的精神帶動部門全體職員共同奮鬥，取得極好效果。松下幸之助回憶說他有一次躺在床上想起應在金澤開設一家辦事處，這個任務交給了 19 歲的年輕人，因為這個人純真而有責任感。在工作一段時間後，松不幸之助對年輕人說：「你看，加藤清正和福島正則都在十幾歲時立下赫赫戰功，你不是已經 19 歲了嗎？還有什麼做不到的事呢？為表示對年輕人的信任，松下幸之助第二年有事途經金澤，年輕人率領全體職員請董事長去檢查工作，松下幸之助故意說沒有時間，只聽取當面彙報。結果那位年輕人非常圓滿完成了任務。

松下幸之助說：「一開始就以這種方式建立很多辦事處，竟然沒有一次失敗。……對人信賴，就能用活人。……我的陣前指揮，不是真正站在最前線的陣前指揮，而是坐在社長室裏做陣前指揮。所以各戰線要靠他們個人的力量去作戰，因此反而能大力培養出許多盡職的員工。」

65

讓人人都創造效益

漢文帝當政時，一次問左丞相陳平全國一年判決罪犯和錢糧收支的情況，陳平回答：「決獄」之事問「廷尉」，「錢谷」之事問「治粟內史」。文帝反問，照此什麼都有人管，還要你這個丞相幹什麼？陳平說：丞相的工作是「上佐天子理陰陽，明四時，下育萬物之宜，外鎮撫四夷諸侯，內親隨百姓，使卿大夫各得任其職。」聽了這番話，文帝十分滿意。這種「各司其職，不謀下政」的想法和做法，也是值得現代企業領導者所效仿的。你是廠長，就抓工廠主任和各職能部門，不要過問班組長的工作，更不要直接去管理工人；你是公司經理，就管各部門經理的工作，沒有必要去過問每一個商品組，更不要直接去指揮每一位業務員。在西方流傳著一種所謂的「黑箱」發出指令，最後去檢查「黑箱」的整體工作效益，就是說你交代的任務完成了沒有？完成得好不好？在這個「黑箱」裏面，下層管理者是如何組織力量，採用何種手段和方法去完成任務的，領導者就不必管了。

下屬工作不賣力，你十分惱火，你大概忘了自己疏於管理。十個指頭有長有短，你的職責就是讓長短都創造效益。你如能

尊重下屬，同時鼓勵他們自信，何愁下屬不同舟共濟。

　　兩種觀念的故事在今天的企業中，那些高層員工往往倍受重視，但是普通員工的命運卻不容樂觀。雖然這些員工像高層管理者們一樣肩負著同樣的重任：他們製造出產品，使設備保持運轉，處理日常文件，與客戶直接打交道；總而言之，如果沒有他們的辛勤工作，企業就不可能興旺發展。

　　然而，在這些員工和他們的上級之間卻存在著較深的隔閡。員工認為自己的工作吃力不討好、單調乏味、毫無前途，所以自己又何必賣力幹呢。而在上級眼裏，這些員工的技能低、流失率高、職業道德差，所以根本不值得花精力培養他們。

　　領導者應認識到：缺乏培訓、缺乏榜樣、缺乏訓練有素的領導，這些因素導致了大多數員工不能或不願意積極地找尋資料、清楚地傳達訊息、與團隊合作、抓住蘊藏在變革中的機會、控制個人情緒和平衡個人生活和工作的關係。最後，研究亦證實了，培訓就其本身而言，不論是對經理還是對普通員工，都無法消除上級和員工之間的差距。但培訓卻能做到讓每個人去努力創造一個共用的、高效率的和相互尊重的工作環境。

　　領導者認為，不管採用什麼手段，讓人人都創造效益才是最重要的。

　　激發每個人的積極性並不一定需要付出很多錢。當你問員工們是什麼讓工作變得有吸引力，名列第一的因素通常不是錢，而是上級對他們工作的讚賞和認同。

66

管理者需要不時揮舞手中的大棒

1.對絕對不能容忍的行為，要即時採取措施

作為管理者，你對員工保持一定程度的寬容是合乎情理的，但是，如果你毫無原則地容忍員工的不良行為，那就表明你還不大稱職。任何事情都得有一個界限，員工偶然的一次小錯你可以不用計較，但如果員工接連不斷地犯錯，勢必會釀成大錯，出現更大問題，這時候你可不能再等閒視之了。管理者強調：該唱黑臉時你一定要唱黑臉，千萬別心軟。

在實際工作中，我們往往難以找到一個絕對有效的是非判斷標準來衡量自己和員工的行為。那些東西可以接受，那些東西無法令人接受，兩者之間的界線往往模糊不清，而且不同的人可能有不同理解。在確定這一標準時，個人的主觀判斷佔有很重要的成分，你必須準確判斷出那些是可以容忍的，那些是絕對不能容忍的。如果員工在你面前表現得很差，那說明他對你缺乏尊重，他也無法實現你對他的期望。作為一名管理者，你不能對此聽之任之。

當一個人跨越你可以接受的界限時，你應及時處理這些不良行為，如經常遲到、不懷好意的玩笑、惡作劇、不恰當的姿

體語言、不尊重他人、貶低他人、背後說三道四、衣冠不整、時常抱怨、工作中處理私事、不守承諾、撒謊等等，對這類行為切不可等到事情發生之後再去作決定。你應該向這種不良行為進行挑戰，並且要求員工向你作出解釋，不要等到你聽說那人已走了時再作出任何毫無意義的決斷。

身居管理者之位，你的員工每一分鐘都在觀察你。你處理不良行為的方式，直接影響到員工如何看待你。你必須在員工心目中建立一個明確的概念，即讓員工在心目中明確那些是可以令你接受的，那些則不能。對員工的行為，你不必閉上一隻眼睛假裝視而不見，因為他們會很快發現這一點。當你在制定一個你可以接受的標準之時，很重要的一點是，這一標準可以成為今後處理不能接受行為的依據。如果某人超越了這一界線，就應與他們談談並找到解決問題的最好辦法。經過這些努力，你會發現，每個人將會檢點自己的行為，保證自己的行為今每個人接受，其中也包括你。

2.必要時需要解僱某些員工，但要採用合適的方法

在任何一個公司，並不是每個員工都十分完美、都能出色地完成工作，都能在你的引導和培養之下盡職盡責。有時，你還會碰上一個根本不中用的人，不管你怎麼努力，他也不能完成你期望的十分之一。

在當今商海中，由於競爭的殘酷，你不可能總是對那些不能完成工作的人，都提供一種慈善性的寬容。當你覺得這類員工無可救藥時，在他導致災難性後果之前將其解僱。一般來講，對於公司的某些問題，有些員工可能比你知道得更早、更清楚，

他們期望你能採取行動，他們希望你解僱那些怪異的同事。如果你忽視了那些不良行為並且不能正視和面對表現很差的員工，你的信任度將受到極大影響。每個員工都為自己所做的事情和取得的成功感到自豪，他們不希望有人拖他們的後腿。

你也可能被一些統計數字所迷惑，使你不能從中發現一些令你失望的員工。某位員工可能達不到你的期望，而且這種人還會浪費你大量的時間和精力，有時你還必須幫助他們擺脫困境，解決問題。

因此，面對這種員工，你應當機立斷地採取行動，但也要小心。你的決定十分重要，你實施決定的方式也十分重要，所以小心是很必要的。這裏的小心意味著對待被解僱的員工，要敏感、公正與理解，而不是膽小害怕。

有些總經理很容易忽視一點，即被解僱的員工也是人。解僱員工也是對員工的一個打擊。回到家裏他們必須面對自己的家庭、鄰居和親友的議論。被解僱的理由可能令他們回去無法交待，他們可能還得為自己找到托詞，如：「事情不妙」，「我長相不太合適」，「我不能與管理者相處」，「我不喜歡我幹的工作」等等。作為總經理，你應該給人留點面子。不管你多麼坦直、誠實，但必須給人留面子，找一些語言來幫助安慰他人。有可能的話，你甚至還可以幫他們推薦、介紹一下更適合他們的地方。你應該說服那些表現很差的員工，讓他明白你現在惟一能做的事情就是將他（她）解僱，除此別無選擇。好的管理者就能做到這一點，他們能引導員工認識到他們確實工作缺乏成效，工作的品質確實很差，確實不適合幹現在的工作。其實，每個

人都具有某方面的才能，只是有些才能不適合於某項工作，但都可能在另一地方幹得十分出色。

解僱員工，對你和員工來講都是一項重大的決定，而且許多管理者經常容易犯錯。你應當避免這種情況，你可以在解僱前先警告一下他。大多數公司在制度上都規定了這一點。作為管理者，你必須絕對公正、客觀、防止出現不公正的解僱行為。你必須分清員工的問題是一些偶然的事件、微小的失誤、暫時的問題，還是十分嚴重、非開除不可的大是大非問題。解僱只能是你不得不做出的最後選擇。

3. 防患於未然，除患於無至

把「防患於未然，除患於無至」看成是最高明的策略。《兵家權謀》中指出：「譬如治病與防病，當身染重病時，再作調治，即使能夠痊癒，身體畢竟已遭受了病痛的損害；但如果做好預防工作，則可免除許多痛苦。正是由於患消於未生，天下不知，無人稱智；勝於無形，兵不血刃，無人言勇。這才是真正的大智大勇。」

宋太祖趙匡胤「杯酒釋兵權」的掌故，可稱為「善除患者勝於無形」的典範。

宋朝開國不久，趙匡胤一天忽然把所有握有兵權的大將請到皇宮花園內喝酒。眾將畢至，趙匡胤端起酒杯，對眾大將說：「今天請大家來，是想請大家考慮一下，假如有朝一日你們的手下把黃袍披在你們身上，你們會怎麼樣呢？考慮清楚的，請滿飲此杯。」眾大將一時面面相覷。原來，宋太祖的江山，是從周世宗柴榮手中奪來的。那時，趙匡胤是柴榮的兵馬大元帥，

掌握全國兵權，戰功顯赫，他手下謀臣趙普、大將石守信不服
柴榮，欲推趙匡胤做皇帝，於是就趁趙匡胤檢閱兵馬之機，把
黃袍披到趙匡胤身上，高呼「萬歲！」發動「陳橋兵變」，把柴
榮趕出京城。趙匡胤登基後，想起唐末藩鎮割據，軍閥混戰的
教訓和自己的親身經歷，覺得必須削奪大將的兵權，權由自己
掌握，才能坐穩江山。

　　他請眾大將來喝酒，就是當面挑明此事。眾大將自然聽得
出皇上弦外之音，焉有不怕之理？當即以石守信為首，紛紛交
出兵權。於是，趙匡胤派出文職官員到各地出任地方行政首長，
軍官雖有兵馬，但只能聽文官調遣。這樣互相掣肘，預先消除
了內亂的隱患。宋朝果然沒發生過「藩鎮之亂」。

心得欄 _____

_____
_____
_____
_____
_____

67

心慈手不軟技巧

　　管人的技巧沒有窮盡，你把握住關鍵的幾招，就能享用終生。

1.大權獨攬，小權分散

　　管理者往往「大權獨攬，小權分散」，這樣既能控制下屬，又能讓下屬感到被重視而盡力工作。

　　很多人都喜歡登山。登山需要有強健的體魄，真正的登山活動一般在夜裏出發，然後在拂曉之前一鼓作氣登上山頂，從而體會那種征服的感覺。假使我們將登山的方式引用到企業或行政部門的管理之中，從某種理想化的意義上來講，企業內的各級下屬更像是一個個具有旺盛鬥志的登山者。那麼主管就應當正確引導他們的攀登方式及攀登方向。

　　領導在向下屬分配任務時，只需從總體上把握，告訴他們你的期望與需求，僅此而已，具體的內容不必過於苛求。為下屬設定大的框架，具體實施就放手讓下屬去做，下屬肯定會樂此不疲。作為領導應該知道，下屬的最大願望就是自我規劃，發揮全力，開拓空間，闖出自己的一片天地。美國土木建築業大王比達．吉威特不僅稱霸於建築業界，在煤礦、畜牧、保險、

出版、電視公司，都佔有一席之地，並獲得了巨大的利益。

　　身為企業家的比達‧吉威特，其成功的關鍵在於他那特別的經營哲學：「倘若可以多賺 1 美元，只要有這種機會，我絕對不會放棄。」他還有一種近似天才的遠見，當一件事尚未來臨，他便能預見它將在何時發生。比達‧吉威特作為經營者，能夠制定巧妙的人事政策，激發手下的才能和工作情緒。因此工作效率非常高，人人願為他奮鬥。我們可以從下面的實例中見其一斑。

　　1950 年左右，比達‧吉威特在同一時間爭得兩項工程。一項是在俄亥俄州建設原子彈爐，一項是在懷俄明州建設克林巴堤防工程。在這兩項大小難易不同的工程同時得標、且同時進行施工的情況下，比達‧吉威特便表現出他那獨特的用人方法。

　　土木建築工程師一般都有共同的特性，那就是越面對困難的工程，越能提起工作興趣，幹起來越能發揮特長；何況原子彈爐的建設，既能體現出站在時代的尖端，又含有為國爭光的意義。因此，他們的情緒的確都非常高昂。而對於堤防工程，大家無不認為是舉手間的小事，覺得幹起來不夠過癮。比達‧吉威特對於這兩項工程的進行情況，時刻在注視著，並且根據從事堤防工程的技術人員在工作中的實際表現，隨時調配他們去從事原子彈爐工程。相反地，對於從事原子爐工程方面能力表現較差的，便送去堤防工程。這種人事管理辦法實施的結果，使得每個從業人員競爭意識大大增強，個個爭先，也使得這兩件工程保質保量很快完工。當然，這只是吉威特「厚」「黑」並用管人的表現之一。

比達‧吉威特不僅在用人上表現出非凡的才幹，對於新人的發掘與培養也是十分積極的。對於剛出校門的年輕技術人員，頭一年舉行在職訓練，使其接受廣大範圍的建築技術的實際的在職訓練，使技術人員能學以致用，激發潛能。在形形色色而且為數眾多的工程中，人力物力密切配合、事事如意，工程完善得盡善盡美。

比爾‧吉威特表現出來的最過人之處，在於他對所經營的事業，自己並不親自參與，始終只做戰略上的謀劃與設計，然後把一切完全託付給實際負責人。至於工作效果，他更能很迅速地給予評價，絲毫不放鬆，這就是他的一貫作風。

當然，管理者懂得在授權的同時，必須對受權人進行有效的指導和控制。管人者若控制的範圍過大，觸角伸得太遠，這種控制就難以駕馭。因此，領導用人授權必須分散，萬不可集中，以防下屬「擁權」自重。

廠長和經理是企業的行政長官，處於企業的中心地位，在權力的運用上，應做到大權獨攬，小權分散。集權是指企業中的一切事務的決策權均集中在領導手中，部下的一切行動必須按照領導的指令、決定去辦。分權則是指部下在其管理的範圍內的一切措施均有自主決定權，不必請命於領導。而領導對其下屬權限內的事項也不隨便加以干涉。集權若發揮得好，有如下優點：政令統一，步調一致，力量集中，有利於統籌全局。集權如果發揮得不好，也有極大缺點：只能照顧一般不能顧及個別，領導會滋長專制獨裁，部下則缺乏主動性、積極性和創造性。分權如果發揮得好，有以下優點：能較好地發揮個性和

特長，較靈活地應付局勢的變化，下屬可積極主動地工作，領導也容易避免獨裁。分權如果發揮得不好，會產生以下弊病：不利於統一指揮協調，難以形成合力，容易滋長本位主義。

放權激勵是密切上下級關係，提高管理水準和管理效能的法寶。一個單位的領導，如果能給下屬以參與管理和決策的機會，單位的生產、管理、效益和內部團結，精神面貌，將會呈現出一種積極向上的態勢。

所謂放鬆，就是要使下屬名符其實地行使本級的管理權限，領導應為他們提供方便和創造條件，當一個明智的「婆婆」，不搞強迫命令，不搞越俎代庖。有事多徵求下屬的意見，多採用他們的建議，你的決策中如果包含著下屬拾遺補闕的成份，他執行起來會更主動和更自覺。你越是放權，下屬越不敢專權，有事會主動徵求你的指導意見，顯出對你的崇敬和親切；你愈是放權，下屬們有所作為，心情也舒暢，所以也願意向你傾訴衷腸。你實際是放中有收，收攏的是下屬歸順你的人心。

「大權獨攬，小權分散」是領導用人授權的一個訣竅。

2.用信任和委以重任

領導的信任是對下屬的一種肯定，信任也是管人者經常使用的一種激勵手段。因為信任可以激發榮譽感和事業心，特別是領導的信任和交辦的工作，與下屬的興趣愛好相一致時，下屬工作起來，就感覺到渾身有一股用不完的勁。

每個人的工作中不可能一帆風順。遇到困難，此時上級的支持就是一種激勵。領導的支持，有利於發揮下屬的創造精神，鼓起克服困難的勇氣。特別是當下級在人、財、物方面出現難

以解決的困難時，上級的主動支援，就帶有排憂解難的性質，下屬肯定會以感激來回報，盡心盡力地做好每一項工作。

「刺頭兵」是當代軍旅管理中一個比較常見的稱謂，就是軍營裏那些不服從管理且難以對付的人。這種人，不但軍營裏有，企業裏也有。只要你是領導，到那裏你都會遇到他們，這種人甚至專門和管他的人作對，但對他沒有利益衝突的人還是比較友好的。因此他有他的勢力和人際圈子，他們足以在有些問題上與你分庭抗禮。而管理者使用一個重要的法寶就是：「給予他合理的職務和責任」，這一招往往十分靈驗。

某鋁合金廠，製造了許多種半克以下的裁紙器零件，因為體積過小，所以管理上較為困難。這條生產線的最困難部份，是在接近完工的最後一段上。而這個部份的班長就是一個「刺頭兒」。此人也並不是不做事，而是總自以為是。只要有人給他提一點意見，他就會很不高興地和對方大吵一頓，工廠主任拿他一點辦法都沒有，每次吵都只能安撫他。

該廠經理發現這個兵雖然不好管理，但責任心還是很強，於是讓當品質監督班的班長。

此人臉上露出了詫異的神情，說：「這個工作我能幹嗎？別人服我管嗎？」經理肯定地說：「你能行，我信任你，你就行！」「刺頭兵」不說話了。從此以後，這個班長像換了一個人，工作踏實肯幹，再也不跟別人頂頂撞撞了。

由此可見，只要用信任和委以重任的方法，領導都能解決好本部門、本單位比較棘手的「刺頭兵」問題。

3. 與下屬同甘苦

領導要有與下級共用勝利榮耀和共同承擔責任的勇氣。

一位國際著名的美國橄欖球教練保羅‧貝爾。布列安在談到他的球隊如何建立團隊精神時說:「如果有什麼事辦糟了,那一定是我做的。如果有什麼事差強人意,那是我們一起做的。如果有什麼事做得很好,那一定是你做的,這就是使人爲你贏得比賽勝利的所有秘訣。」作爲領導,要有這種與員工或者下級共用勝利榮耀和共同承擔責任的勇氣。領導被授權經營管理,無論獲得成功還是遭到失敗都負有不可推卸的責任。即使是員工的失誤,也有你失察、指揮不當、培訓不夠的責任。榮譽對你當之無愧,但通往榮譽的道路仍離不開團隊的協作、配合。所以,與下屬同甘共苦是各級領導應該做的。

4. 讓「仇人」代罪爲你立功

很多人在遭到傷害後,爲圖報復,專門去收集對方的過失,尋找一切機會復仇。這其實是一種十分狹隘、愚蠢的表現,於人於己,都沒有好處。明智的、有氣度的人是不會這樣做的。對一名成功的管人者而言,更是如此。他會把事業的成功放在更重要的地位,而不是盲目地發洩私憤。與自己有過仇隙的人,你若能摒棄前嫌,寬看他的過失,並根據他的長處加以使用,他會報答你的寬容,比一般人更積極地努力工作,努力地回報你。

宋朝的郭進任山西巡檢時,有個軍校到朝廷控告他。宋太祖審問後知是誣告,就將那人押送到山西交給郭進處理。時值北漢入侵,郭進對那人說:「你敢告我,說明你的確有些膽量。

現在我赦免你的罪過，如果你在反擊侵略的戰爭中戰敗了，就自己去投河吧，不要弄髒了我的寶劍。」

那個軍校在戰場上奮不顧身，英勇殺敵，打了個大勝仗。郭進就向朝廷推薦了他，使他得到了提升。

這個歷史典故，足可以供想成爲管理者的人借鑑。

5.卸下感情的包袱，果斷踢開「絆腳石」

在企業裏，妨礙或影響管人者事業發展，個人成長進步的往往是當年一起創業時的夥伴功臣。這些人常常以功臣自居，以老大自居，位高而不實心辦事，自滿而不求進步，但知營私結黨，傾軋圖利。他們的能力、素質不但早已趕不上公司的發展，而且已經成爲公司進步的「絆腳石」。對此，管人者痛心疾首、深惡至極，但卻不能卸下感情的包袱，既無壯士斷腕的勇氣，亦無其他治本的良策，此時該如何呢？管理者則有一套很好的辦法對付這種人，他們採用的最有效的辦法是給「絆腳石」另換一個辦公室，讓其遠離權力中心，斷絕信息來源；或明升暗降，叫他不點實權也沒有；或讓他出一個長長的差，派他出國考察。一兩個月後，他回來時發現整個大勢已去。他的工作已由他人代替，自己的權力所剩無幾，除了拿一份穩妥的退休金，已別無他路。這樣，「絆腳石」才能踢開。

某機械廠的董事長兼總經理王先生，就是一位善於踢開事業「絆腳石」的老手。

機械廠創業之初，王總和副總經理林先生都盡心盡力，流血流汗。當時設計圖紙、安裝機械、招聘技術骨幹，都是林先生一個人獨立完成的。上司慎重考察，任用了爲人沉穩、善於

經營管理、群眾基礎較好的王先生爲主管,而林先生則爲副手。

　　自從王先生當上了機械廠的董事長和總經理後,林先生心裏想不通,感到建廠之初他的功勞比誰都大,他付出的比誰都多,總經理的位置本該就是他的。有了這種心理作祟,林副廠長以功臣自居,該請示報告的不請示報告,不屬自己職權範圍的事隨意拍板,並在廠裏拉攏了銷售科長、材料供應站主任、財務科長等有實權的部門頭頭,營私結黨,另立山頭。王經理不是寡恩薄情之人,實在不忍心將當年同自己同甘共苦的夥伴一腳踢到門外,儘管其禍已害得全廠上下離心離德。後來,王總想出了一個兩全其美、圓滿解決問題的辦法。

　　王總首先給林先生換了一間辦公室,表面上看林副廠長的新辦公室光線明亮、寬敞、透風,實際上已經遠離機械廠的權力中心。調換了辦公室之後,王總開始想法子斷絕林副經理的資訊來源。每當有重要的會議,或者商談大型經營項目,總讓林副廠長出差,使他失去參與決策的機會,一些財務報告、業務報告不再給他過目。並採取明升暗降的方法,讓林先生擔任全企業的高級技術總顧問和某分廠的廠長,這樣就使他高升而無爲。

　　林副廠長不甘心自己的權力被削弱,多次告王先生的黑狀。

　　最後,王先生派林先生到美國、日本等地去考察兩個月,在這兩個月期間,王總將他的的「關係週邊」全部打掉,撤換了銷售科長、材料供應站主任、財務科長等實權部門的主管,換上了一些自己親自挑選的人選,林先生從國外考察回來頓時傻眼了。最後,他不得不自己提出提前退休。

一塊「絆腳石」終於被踢開了。

管理者踢開「絆腳石」的方法有「軟」、「硬」兩種,「軟」就是王總經理的做法。旁敲側擊,步步為營,直至「絆腳石」搬開;「硬」的方法就是過去那些農民出身的皇帝,一旦掌握權柄,就將一起打江山、共患難的夥伴斬盡殺絕。一般認為,用「軟」方法比用「硬」方法好。

心得欄 -----------------------------

68

不花錢，也能把下屬籠絡得服服貼貼

「水能載舟，亦能覆舟」，你要想在主管的位置上不翻船，就要把自己所管轄的「水面」，疏通得既無暗流，又無礁石。掌握功夫，多在下屬身上進行感情投資，不花錢，也能把下屬籠絡得服服貼貼。

1.士為知己者死

一般來說，上司籠絡下屬的手段，不外乎給予金錢獎勵和提拔重用兩種。然而，上司卻懂得使用感情投資這一手段。古人所謂的「女爲悅己者容，士爲知己者死」就是「感情、義氣」效應所產生的結果。作爲上司，只要注意對下屬進行感情投資，不花錢，也能收到出乎意料、超乎尋常的效果。

收攏人心，最重要的是要富有人情味。給出身低下者以尊重、給生活窘迫者以財物、給落難失魄者以支持。有時候，幾句動情的話，兩聲溫暖的問候，往往比許以官職、給以重獎更能打動人。

另外，感情投資還表現在上司的大度上。

俗語云：「宰相肚裏能撐船」，「大人不計小人過」。作爲上司，對下屬的過失要盡可能的給予原諒。特別是那些無關大局

之錯失，不要錙銖必較，放他一馬，他必定會心存感激的。須知：對下屬的寬容、大度，也是製造向心效應的一種手段。如果因爲一件小小過錯，便對下屬大聲訓斥，發火發怒，勢必使他心生怨氣，暗恨於你。其他下屬也會對你心生意見的，久而久之，你就會失去人心。

某大酒店的高總經理是一位在當地聲名顯赫的企業家。他的管理之道便是以心制人，以情感人，在酒店深得員工們的擁戴。酒店客房部新招聘的服務員小陳上班不久，便患病住進了醫院。

得知小陳住院，高總當天下午便買了些水果、高級營養滋補品等與客房部經理一起去醫院看望小陳。

躺在病床上正在打點滴的小陳見總經理冒著 30 多度的高溫親自來醫院看望自己，感動得熱淚盈眶，叫了聲：「高總……」便哽咽著一句話也說不出來了。

高總詢問了小陳的病情和治療情況，回轉身對客房部經理說：「劉經理，小陳家在外地，沒有親人在身邊。你安排一下，在客房部抽兩個人輪流照顧小陳，不要讓她受委屈。小陳才來咱們酒店，大家要多關心她、照顧她。」

不僅對新來的員工是這樣，平日無論那個員工生病，或是家裏有困難，只要高總知道，他都盡可能的要去看望、慰問。因而，員工們都很尊敬他，工作起來也格外出力。

和他不同的是該市另一家百貨商場趙總。他是一個純粹工作型的人，對員工的生活等私事從不過問，他關心的只是生意。不少員工私下裏稱他爲「冷血動物」。

電工小鄭在檢修電路時，不慎從梯子上跌下摔成骨折，在醫院住了一個多星期，鄭總連問都沒有問過，只讓後勤部派人看望了一次。

小鄭出院後和趙總見了幾次面，他也沒問小鄭的病情、恢復情況。這多少讓小鄭有些傷心。後來，他辭職應聘去了另一家公司上班。

可以說，感情投資是比較高明的領導藝術。人心都是肉長的。想想看，上級關心自己、看重自己，員工們能不盡心盡力為公司做事嗎？而那些不注重投入感情的上司，是不會真正贏得下屬的。下屬們為你做事，只是純粹的看在了「錢」的份上。一旦有更好的機會，他們一定後毫無顧忌的另棲高枝，炒你的魷魚。

2.讓下屬覺得自己重要

「讓下屬覺得自己重要」是一種高明的手段。

掌握下屬情況，既可以量才而用，又能夠給下屬一種「我在上司心目中有位置」的感覺，以增強他對工作的責任心。通常情況下，員工們都願意讓上司知道自己的名字，願意在上司面前顯示自己，以引起上司的關注，這是許多下屬普遍存在的一種心理。

作為上司，你應當理解下屬們的這種心理。要滿足他們，並以此來激發、鼓勵他們的工作熱情，你就必須盡可能的瞭解你的下屬們的基本情況，越詳細越好。越詳細越能體現出你對他的關注和瞭解的程度，越能使他感到高興，他越高興，工作熱情會越高，對公司的貢獻便會越大。

相反，如果你對自己員工的情況一無所知，甚至人家在你公司幹了好多年你連人家姓名都不知道，他會怎麼想？有的人可能無所謂，有的人恐怕會另有想法的。這些，或多或少會影響你在員工們心中的威望和他們對你的信任。

領導者的做法是：瞭解員工的基本情況，並讓員工知道自己在關心著他。

洪軍是鴻聲制衣有限公司一名普通的員工。說起主管，洪軍充滿自豪地稱讚道：「李總這人真是沒得說，夠意思。不管掙錢多少，咱覺得跟著他幹心裏舒坦，心情好，高興。」

鴻聲制衣有限公司總經理李伯若，看似粗獷的外表下卻有一顆細膩的心。每來一位新員工，他都要通過人事部瞭解員工的姓名、籍貫、生日、興趣愛好等基本情況。公司裏大部份員工的名字他都能夠叫得上來，無形之中拉近了員工和自己的心理距離。洪軍剛進鴻聲時，在歡迎新員工聯歡會上，總經理致完歡迎詞後向大家說：「今天大家歡聚一堂，我向諸位宣佈一個消息，今天是咱們新同事洪軍先生的生日，請洪軍站起來，走上台來，接受公司對你的祝賀。」

這時，從外面走進來兩位禮儀小姐，推著很大的蛋糕走到大廳中央。洪軍在熱烈的氣氛中被員工們簇擁著走到前臺。他站在總經理面前，深深地鞠了一躬，感動得不知道說什麼才好。他做夢也沒有想到，自己一個新進廠的員工的生日會被領導者記在，而且還為他訂做了生日蛋糕，作為祝賀的禮物。

在以後的日子裏，洪軍發現李總很快就記住了他們新進公司的員工名字。在一些場所自然就叫了出來，讓大家感覺特別

親切。而且，他還把許多人的老家在那兒，本人的業餘愛好都
能說得清清楚楚，這多少讓人聽了有些感動。

這種情況下，大夥兒幹起活來都覺得渾身是勁，精神上很
受鼓舞。加上，他時常來到員工當中瞭解情況，很關心員工的
生活。「將心比心，主管對自己這麼好，自己不好好幹行嗎？如
果不好好幹，自己都覺得心裏過意不去。」洪軍是這樣說的。
可見，採取「厚」的策略，掌握下屬的基本情況，適時表示一
下自己的關心，對下屬的激勵作用是相當巨大的。還是那位叫
洪軍的說到了骨子上：「主管對自己這麼好，如果不好好幹，自
己都覺得心理過意不去。」

3.用巧妙稱讚獲得人心

主管為贏得下屬的心，經常會適當地誇讚他們幾句。因為
人們工作是為了更好地生存和發展，這就有金錢和職位等方面
的願望。但除此之外，人們更加追求個人榮譽。一份民意測驗
結果表明，89%的人希望自己的主管給自己以好的評價，只有
2%的人認為主管的讚揚無所謂。當被問及為什麼工作時，92%
的人選擇了個人發展的需要。而人的發展的需要是全面的，不
僅包括物質利益方面，還包括名譽、地位等精神方面。在單位
裏，大部份人都能兢兢業業地完成本職工作，每個人都非常在
乎主管的評價，而主管的讚揚是下屬最需要的獎賞。一位主管
指出，主管的讚揚對下屬來說，是非常重要、不可或缺的。

(1)主管的讚揚可以使下屬認識到自己在群體中的位置和價
值，在主管心中的形象。

在很多單位，職員或職工的工資和收入都是相對穩定的，

人們不必要在這方面費很多心思。但人們都很在乎自己在主管心目中的形象問題，對自己的看法和一言一行都非常細心、非常敏感。主管的表揚往往很具有權威性，是確立自己在本單位或本公司同事中的價值和位置的依據。

有的主管善於給自己的下屬就某方面的能力排座次，使每個人按不同的標準排列都能名列前茅，可以說是一種皆大歡喜的激勵方法。比如：小方是本單位第一位博士生；小黃是本單位「舞」林第一高手；小葉是本單位電腦專家……，人人都有個第一的頭銜；人人的長處都得到肯定，整個集體幾乎都是由各方面的優秀分子組成，能不說這是一個生動活潑、奮發向上的集體嗎？

⑵主管的讚揚可以滿足下屬的榮譽和成就感，使其在精神上受到鼓勵。

重賞之下必有勇夫，這是一種物質的低層次的激勵下屬的方法。物質激勵具有很大的局限性，比如在機關或政府，獎金都不是隨意發放的。下屬的很多優點和長處也不適合用物質獎勵。相比之下，主管的讚揚不僅不需要冒多少風險，也不需要多少本錢或代價，就能很容易地滿足一個人的榮譽感和成就感。當你經過一個多星期的晝夜奮戰，精心準備和組織了一次大型會議而累得精疲力竭時，或者經過深入虎穴取得了關於犯罪團夥的若干證據時，或者經過深思熟慮而想出一條解決雙方糾紛的妥協辦法時，你最需要什麼？當然是主管的讚揚和同事的鼓勵。如果一個下屬很認真地完成了一項任務或做出了一些成績，雖然此時他表面上裝得毫不在意，但心裏卻默默地期待

著主管來一番令人愉悅的嘉獎，而主管一旦沒有關注不給予公正的讚揚，他必定會產生一種挫折感，對主管也產生看法，「反正主管也看不見，幹好幹壞一個樣」。這樣的主管怎能激發起大家的積極性呢？

主管的讚揚是下屬工作的精神動力。同樣一個下屬在不同的主管指揮下，工作勁頭判若兩人，這與主管善用還是不善用讚揚的激勵方法是分不開的。

(3)讚揚下屬還能夠清除下屬對主管的疑慮與隔閡，密切兩者的關係，有利於上下團結。

有些下屬長期受主管的忽視，主管不批評他也不表揚他，時間長了，下屬心裏肯定會嘀咕：主管怎麼從不表揚我，是對我有偏見還是妒忌我的成就？於是同主管相處不冷不熱，注意保持遠距離，沒有什麼友誼和感情可言，最終形成隔閡。

主管的讚揚不僅表明了主管對下屬的肯定和賞識，還表明主管很關注下屬的事情，對他的一言一行都很關心。有人受到讚美後常常高興地對朋友講：「瞧我們的頭既關心我又賞識我，我做的那件連自己都覺得沒什麼了不起的事也被他大大誇獎了一番。」

每個人都希望別人能夠肯定自己的優點和長處，在別人的稱讚中，肯定自己的價值。特別是下屬，尤其希望在自己取得成績時能夠得到上司的稱讚，得到上司對自己才能的認可。

身為上司，不能忽視了下屬的這種心理。要知道，稱讚下屬，一方面是對他優點、成績的承認、肯定，另一方面還可以增加和下屬間的溝通、聯絡。

　　稱讚的方式是多種多樣的，如直接讚美法、間接貨美法、超前讚美法、仲介讚美法、轉借讚美法等。上司在稱讚下屬時，一般採用直接讚美法和間接讚美法。

　　直接讚美，即當著對方的面，以明確的語言表示贊許；間接贊許，即運用眼神、動作、行爲等向對方表示你讚賞的心情。上司對下屬怎樣稱讚才能獲得較大的激勵效果呢？一位主管總結的下面幾種方法可供參考。

　　①有明確指代的稱讚。

　　如：「老陳，今天下午你處理顧客退房問題方式極爲恰當。」這種稱讚是你對他才能的認可。

　　②帶有理由的稱讚。

　　稱讚時若能說出理由，可以使對方領會到你的稱讚是真誠的。如：「要不是採納了你的建議，這次咱們公司的損失就可能難於估計了！」

　　③對事不對人的稱讚。

　　如：「你今天在會議上提出的維護賓館聲譽的意見很有見地」。這種稱讚比較客觀，容易被對方接受。

　　④對業績突出者的稱讚。

　　這種稱讚，可以增強對方的成就感。如，辦公室秘書小美在一次競賽中獲得年度新聞稿件一等獎。拿回證書後，向局長立即給予了小美較高的評價：「小美，不錯。你的那篇稿子我拜讀過，文筆流暢，觀點突出。好好努力，會很有前途的。」

　　該稱讚的時候即稱讚，這種稱讚與「趁熱打鐵」同理，易被對方接受。

　　⑤工作業績及付出的心血一併稱讚，容易使對方產生「知己」之感。

　　財務科會計小玉在全市財會人員珠算競賽中獲得二等獎，向局長高興地說：「這次獲獎，是你平時努力的結果。這也叫功夫不負有心人。沒有日常的努力，是不可能取得好成績的。好！好！」

　　⑥直接稱讚，不夾帶批評。

　　⑦隨時稱讚。

　　記住，稱讚不是瞎吹，不是胡說，一定要結合實際，根據他的表現，進行適度的稱讚。應當知道，每個人、每位下屬都有他的長處和短處。作爲上司，要能夠看到下屬的長處、看重他的長處。適度的稱讚，可以使他格外珍惜自己的長處，並格外努力的。

　　領導者懂得稱讚下屬，鼓勵其更加努力是籠絡人心的一條比較有效的方式。

　　4.言必信，行必果

　　「言必信，行必果」是一種手段，也是做人處事的基本原則，言而無信的人無論何時何地都是不會受到歡迎。

　　身爲上司，尤其要在下屬心目中樹立起「言而有信」的形象。你的信用至少應當表現在兩個方面：安排下屬做的事，一定要按時按期讓他彙報辦理的結果。如果你只安排，不問結果，不但會降低效率，而且會給下屬養成不負責任的習慣，此其一；第二，答應下屬做的事無論大小，都必須儘快給他一個答覆；否則，你的信用會在下屬中打折扣讓人產生懷疑的。會大大降

低你的威信，壞你的形象。

　　試想一下，如果你都不講信用，說過的話，答應人家的事轉身就忘，你的下屬們會怎麼想、怎麼做。這樣下去，下屬們都效仿起你的話，你的事業別說發展，維持現狀都可能成為問題。嚴重的話，很快就會垮下去。

心得欄

69

責罵下屬，也讓他心悅誠服

巧妙地批評懲罰別人很多年輕人認為，在工作中只有不帶一點私心雜念、不顧及一點人情的，才可能公正不阿，很多人把黑臉包公當做榜樣，十分羨慕他能執法如山，不留情面。有人卻認為「包公只能說是個好的執法者，而不能算是一個好的政治家。」

為什麼這樣說呢？就因為包公總是一副黑臉的緣故，他能對任何人做到不徇私情，這的確能贏得百姓的愛戴，但對自己身邊的人來說，卻無法容忍這樣一個黑臉親人，如果你曾經幫過他的大忙，犧牲了自己的一些珍視的東西，他卻黑著臉，這麼「無情無義」地對你，的確是一件令人傷心的事。而如果失去了親人的理解和幫助，一個人便會陷入孤獨寂寞的困境。

怎麼辦呢？許多人在正義和親情之間徘徊，維護了本職工作的尊嚴，就必然刺傷親朋的心，顧及了親情，又踐踏了法律的尊嚴。很多人最終選擇了正義，黑著臉，對自己的親朋依法處置，招來無數親朋的白眼和「六親不認」的數落，陷入苦惱之中。

要解除這種痛苦，有一個好辦法，就是不要總是充當黑臉

包公，而要黑臉紅臉一起上，扮完了黑臉扮紅臉。這是一個很重要的法寶。

　　諸葛亮是我國歷史上著名的政治家和軍事家，人們一直把他看作智慧的化身。西元 228 年，諸葛亮率軍北伐，迅速攻下了天水、南安和安定三郡，收降了魏將姜維，一時關中大震。諸葛亮派馬謖帶領軍隊進駐街亭（今甘肅莊浪東南），迎擊魏軍。馬謖自以為飽讀兵書，嫻熟韜略，既不遵照諸葛亮的部署，又不聽副將王平的勸告，把營盤紮在山上，終於被魏軍圍困在山上，斷了水源，殺得大敗。

　　諸葛亮被迫退回漢中，第一次北伐就這樣失敗了。諸葛亮和馬謖交誼深厚，但馬謖丟失了街亭，軍法當斬，諸葛亮便黑著臉下了處死馬謖的命令。執法後，諸葛亮流著淚親自為馬謖祭奠，這一段，在《三國演義》中寫得如泣如訴，一詠三歎，這段「諸葛亮揮淚斬馬謖」在後世傳為佳話。諸葛亮作為一個蜀國的丞相，自然要嚴受軍法的規定，這樣才能服眾，才能建立威信，因此必須充當黑臉包公，但諸葛亮又是一個重情義的人，馬謖和自己交情甚好，不能一斬了事。因此還需祭奠，還需「揮淚」，還需充當「紅臉」，這樣跟他的人一看，我們的丞相是一個重義氣的人，這事只怪馬謖不好，我們只要好好跟丞相幹，他是不會虧待我們的。諸葛亮的一個黑臉一個紅臉，既樹立了威望，又籠絡了軍心。

　　需要注意的是，「黑臉」、「紅臉」的順序一定不能變，如果先扮紅臉，先對犯了過錯的部下述說一番兩個人的友情，再換上一副黑面孔，那就容易被人看作鱷魚的眼淚，從心底裏生出

反感。先黑臉後紅臉，距離逐漸減小，能顯出人情味來。

　　一位企業家有一次經過他的一家鋼鐵廠，當時是中午。他看到幾個工人正在抽煙，而在他們頭頂上正好有一大招牌，上面寫著「禁止吸煙」。企業家沒有指著那塊牌子責問，「你們不識字嗎？」他的做法是，他朝那些人走過去，遞給每人一根雪茄，說：「諸位，如果你們能到外面去抽這些雪茄，那我真是感激不盡。」工人們立刻知道自己違犯一項規則，因為他對這件事不說一句話，反而給他們每人一件小禮物，並使他們自覺很重要。

　　另一位百貨公司的主管也使用了同一技巧。他每天都到他費城的大商店巡視一遍。有一次他看見一名顧客站在櫃檯前等待，沒有一人對她稍加注意。那些售貨員呢？他們在櫃檯遠處的另一頭擠成一堆，彼此又說又笑。這位主管沒有說一句話，只是默默鑽到櫃檯後面，親自招呼那位女顧客，然後把貨品交給售貨員包裝，接著他就走開。

　　這種巧妙的暗示所帶來的效果遠遠強過當面指責，批評下屬們的不是——那樣只會造成對方頑強的逆反心理，即使他們表面上看來是平靜地接受了。

　　沒有那個主管在他的領導生涯中從不曾有過極想發火、大罵下屬的衝動，否則就必然意味著他不是一個熱愛工作、敬崗敬業的人。但事實上卻並不是每一個主管都真正狂風暴雨般發作了，這便是領導技巧上的最大區別。

　　大多數上司們在責備他們的下屬的時候都是「對事不對人」的，那種動輒肆意責罵，把自己心中的悶氣全然發洩在下屬身

上，或者隨意發號施令，毫不考慮下屬感受的領導畢竟是少數。
但為什麼幾乎百分之九十的人都聲稱他們接受不了，甚至終生
耿耿於懷上司曾經給過他們的某些批評呢？

原因很簡單，就是他們的上司沒有學會批評人，沒能夠像
上面例子中的那兩位領導者一樣，以一種很平和、很巧妙的姿
態完成對下屬的訓導，既達到了自己的目的，又讓下屬領略到
了那番他所訴諸的高尚動機，可謂一箭雙雕。

「我一點也不怪你有憤憤不平的感覺，如果我是你，毫無
疑問，我也會跟你一樣不快的。」

如果以這樣一段話做為批評的開始，容易讓人感覺你不是
在批評他，而是在與他共同做著一件很崇高的事情。相信任何
一個下屬都會樂於接受你的批評的，因為它顯出了你百分之百
的誠意。

我們每個人都是理想主義者，都喜歡為自己做的事找個動
聽的理由。因此，如果想要下屬被你牽著鼻子走，就要將他的
做事的動機往高處抬。

事實上，我們所遇見的每一個人，甚至包括你自己在內身
是把自己看得很高，在作自我評價時，總認為自己是對的，而
別人是錯的。

一位心理學家在他的著作中說：「一個人去做一件事，常是
為了兩種原因：一種是真正的原因，另一種則是聽來動聽的原
因。」

每個人本身都明啓那個真正的原因，卻又不由自主地喜歡
想到那個好聽的動機。因此，要讓下屬既接受你的批評，又能

收攬人心的最好辦法，就是在批評他們的同時，讚揚他們的高尚動機。

很多上司在開始批評之前，都先真誠地讚美對方，然後一定接一句「但是」，再開始批評。例如，要改變一個下屬工作不專心的態度，他們可能會這麼說：「約翰，我們真以你為榮，你最近工作上有很大進步了。但是，假如你辦事再努力點的話，就更好了。」

在這個例子裏，約翰可能在聽到「但是」之前，感覺很高興。馬上，他會懷疑這個讚許的可信度。對他而言，這個讚許只是要批評他失敗的一條設計好的引線而已。可信度遭到曲解，我們也許就無法實現要改變他工作態度的目標。

這個問題只要把「但是」改變「而且」，就能輕易地解決了。「我們真以你為榮，約翰，你這工作表現進步了，而且只要你以後再接再勵，你的工作表現成績就會比別人高了。」

這樣，約翰會接受這種讚許，因為沒有什麼失敗的推論在後面跟著，我們已經間接地讓他知道我們要他改變的行為，更有希望的是，他會盡力地去達成我們的期望。

在美國，後備軍人和正規軍訓練人員之間，在外觀上最大的不同就是理髮，後備軍人認為他們是老百姓，因此非常痛恨把他們的頭髮剪短。

美國陸軍第 542 分校的士官長哈雷‧凱塞，當他帶領一群後備軍官時，他要求自己解決這個問題。跟以前正規軍的士官長一樣，他可向他的部隊吼幾聲或威脅他們，但他不想直接說他要說的話。

他是這樣講的:「各位先生們,你們都是領導者,你必須爲追隨你的人做榜樣。你們應該瞭解軍隊對理髮的規定,我今天也要去理髮。而我的頭髮比某些人的頭髮要短得多了。你們可以對著鏡子看看,你們要做個榜樣的話,是不是需要理髮了,我們會幫你安排時間到營區理髮部理髮。」

結果是可以預料的。有幾個人志願到鏡子前看了看,然後下午就開始按規定理髮。次晨,凱塞士官長講評時說,他已經可以看到,在隊伍中有些人已具備了領導者的氣質。

1. 維護屬下的自尊

俗話說:「人有臉,樹有皮。」

當主管讓員工難以下臺時,員工對主管和公司的忠誠與信任就會消失殆盡。一些高層經理經常站在員工面前,兇狠地批評員工,並責令他們立即作出彙報。也有一些領導者經常向員工許諾做這做那,而最後根本什麼也沒有做。

忠誠是一種寶貴的品質,當你讓員工無法下臺時,這種忠誠很快就會失去。員工不會對他們所工作的公司抱以忠誠,可能是因爲公司成了一種根據經營需要不斷僱傭和解僱員工的、毫無人情的機構。忠誠只適用於人與人之間的關係之中。好的領導者對員工極其忠誠,相應地,員工也會報以忠心耿耿。

要在公司建立一種相互忠誠的關係,這需要很高的人事管理水準。你必須在爲公司和員工付出時不考慮任何所得,而且在員工追求自己的工作目標時隨時給予支援。最重要的是,決不能在公開場合直接處理某些問題而讓員工下不了臺。

你對員工的支持程度如何,員工會十分敏感。他們期望你

在上司面前為他們說上幾句，期望你按照他們預期的方式去做，如期望你時時留心自己的話，不要過於頻繁地作出改變；如果你不能履行自己的諾言，他們也會感到失望。他們會將你放在一個特定的位置，如果你無法站在這一位置，他們就會失去信心。

如果你在會見員工時，一邊說話，一邊看電視，他們會感受到一種冷漠。當一些重要客人來參觀時，員工期望你帶頭歡迎，向客人介紹員工，如果你在客人面前顯得沒有員工的存在，那他們會感到有失自尊。

你也許希望員工將你視為偶像，但這會拉開你們之間的距離。管理者懂得應該靠近他們，瞭解他們，對他們完成的任務表示感謝，對他們的理解表示感謝。將自己有損員工利益的可能性降到最低限度。即使這樣的領導有時犯下錯誤或者偶爾失敗，他們也會將之現為一個普通人常犯的錯誤。你與員工靠得越近，他們對你瞭解得越多，他們對你更加忠誠。這樣你便獲取了一種最為寶貴的財富。

2.不可以蔑視的口氣責罵部屬

責罵部屬的用意是借此教育部屬或使責罵成為部屬進步的動力。

因此，責罵時如果方法不當，就會引起如下的反作用（這種責罵就成為多餘）：部屬不會產生反省之意；部屬不會被激出向上之心。

責罵而帶來這樣的結果就弄巧成拙，極容易產生併發症。例如，以蔑視的口氣責罵。

當你使用嗤之以鼻的方式責罵，挨罵的部屬，百分之百會成為你這個上司的「敵人」。

他的反抗心將成為堅固不化的怒恨，從此以後，他再也不會聽從你的任何指示或是命令，即便聽從，恐怕也只是表面現象而已。

其他未被如此挨罵的部屬，也看在眼中，記在心裏，對這位上司不再有所尊敬，離心力更是愈來愈強，在部門中這一股怒氣，勢必結合成堅固的反對力量。

3.切戒在眾人面前責罵部屬

在大庭廣眾之中責罵部屬，是拙劣責罵法之一。

任何人都有自尊心，自尊心受損，往往足以毀滅一個人，在眾人面前毫不客氣地責罵，可真是置人於死地，遇到心狠手毒的部屬，說不定就捅你一刀──報紙上不是有過這種報導嗎？

在眾人面前受辱的部屬，即使是個性最軟弱的人，也會從此懷恨在心，對這位讓自己「塌台」、「面子盡失」的上司，伺機報一「罵」之仇。

如此一來，這樣的責罵方法就成為有百害無一利的了。對上司也好，部屬也好，都沒有什麼好處。

讓部屬在眾人面前「丟臉」，並不是一句「責罵不當」就可以了事的。因為，它包藏了太多問題。

報紙上刊登過部屬捅上司一刀的消息，那個事件的導火線，就是起於上司在眾人面前怒罵部屬。

幸好，托上天保佑，那位上司只是入院治療了三個月，未

曾丟命。但是，他用這種經驗換來一個教訓，代價未免高了些。捅上司一刀的那個青年，在同一個部門中有個誓言與他結為連理的女孩。當上司在眾人面前，以輕蔑的口氣責罵那位青年，他默默垂頭，甘受當眾之辱。他那位女朋友見他如此沒志氣，從此對他心灰意冷，終至離他而去。

他費盡口舌想挽救這個局面。但是，他越申辯，她就越感覺得這個男人懦弱無救，最後還是與他分手。

失去愛人的這個青年，因而對毀滅他玫瑰色人生的上司，捅了一刀，以報上司讓他「丟臉」之仇。

罵人不當就會惹出這種禍端，對此十分慎重。

心得欄

70

樹立「以身作則，公正廉明」的形象

歷代著名將帥都深深懂得「其身正，不令而行，其身不正，雖令不從」的道理。因此，他們身爲將帥，卻處處爲人師表，身體力行，提倡爲官清廉，奉公守法，這樣，他們在領導指揮別人，在以「厚」收買人心，或以「黑」嚴明法紀的時候，才能夠收放自如，贏得手下人的理解和支持。戰國時期魏國的軍事理論家尉繚子在《兵談·第二》中提出：「清不可事以財」，就是說爲將帥的要清正廉潔，不可被金錢財物所誘惑。凡是爲國、爲民的中外將帥，無不以廉潔奉公的美好名聲贏得廣大官兵的敬佩。

戰國時趙國名將趙奢可謂「厚而無形，黑而無色」。他身爲趙軍統帥，又負責治理整頓全國賦稅，但他卻廉潔奉公，國王和宗室賞賜他的金銀財物，趙奢都分賞給部下，自己一點不留，而且，「受命之日，不問家事」。注意團結部屬，體察士兵的疾苦，自己身教重於言教，爲人表率。因此，趙奢深得將士之心，指揮千軍萬馬，行如風，止如山，每戰必勝。趙奢的兒子趙括則功夫粗淺，太愛錢財了。趙括剛剛受命爲將時，不但作威作福，到處擺臭架子，使他的部下都懼怕他，而且把趙孝成王賞

賜給他的金銀財物，全部拿回家裏收藏起來，或者購置田產，結果，剛一出師就身首異處。

飛將軍李廣也是廉潔奉公，從不貪財，他每次得到朝廷賞賜，都分給部下。李廣一生做祿秩兩千石這一級的官職有 40 餘年，家中卻沒有多餘的錢財，他也從不談論置辦家產的事。李廣還與士卒共進飲食，每逢遇到飲食缺乏，或到斷煙缺糧時，發現可飲用的水，士兵中只要有一個人還沒有喝到，他就不會靠前先喝上一口；有了食物，若不是每個士兵都吃到了，他是連嘗都不會嘗的。他對士兵寬厚和藹，不加苛擾，因此，士兵都愛戴他，樂於聽他指揮，勇於殺敵。

東漢王朝的開國功臣祭遵官至征虜將軍，一生為人廉潔謹慎，克己奉公，每當因戰功得到朝廷賞賜時，他都全部份給士卒，而自己卻「家無私財，身衣韋絝」，甚至連夫人「裳不加緣」，異常勤儉節約。他認為，一個將帥更應該經常嚴加約束自己，一心一意做國家的事。直至他垂危之際，仍然遺誡要「牛車載喪，薄葬洛陽」。正由於他治軍治家有方，使得他「清名聞於海內，廉白著於世間」。

諸葛亮雖在廉潔方面，具備高深功夫，他身為蜀國丞相和三軍統帥，軍政大權在握，卻是廉潔奉公的表率。他教育兒子要進行品行高尚的修煉，即要用儉樸的生活來養德，用淡泊富貴來樹立大志，用靜心學習增長才幹，用振奮精神來革除享樂怠惰，等等。諸葛亮正是這樣做而實踐「鞠躬盡瘁，死而後已」的名言的。他在生命垂危之際寫給劉禪的信中說：「我在成都的家只有桑樹 800 顆，薄田 15 頃，子孫靠它生活還是挺富裕的。

我在外面(老家以外的地方)再沒有別的財產,隨時的衣食,全部仗給於官家,不另外謀取生財之道來增加點滴私產。我死的時候,不使家屬內有多餘的布帛,外有多餘的財產。」諸葛亮在臨終前不但勸諫後主,規劃國事,而且有針對性地陳述家事,預先謝絕賞賜,以免後代因錢財而不成大器。高風亮節,這太難能可貴了!

　　唐朝中期名將李光顏謝卻美色,大漲士氣,激勵了三軍將士的鬥志。當時淮西節度使吳元濟據申、光、蔡三州(今屬河南)叛變。唐憲宗任命原宣武節度使韓弘爲淮西諸軍行營都統,統兵 10 萬,討伐叛軍。當時受韓弘節制的忠武軍節度使李光顏積極作戰,屢創叛軍。而韓弘卻沒有討叛誠意,又不便明顯橫加阻止李光顏進軍。韓弘便在汴州尋覓到一位美貌女妓,派人將其送到李光顏處,企圖用美人計瓦解李光顏的軍務,腐蝕李的鬥志。李光顏在款待三軍將士席間,當眾對使者嚴肅地說:「……我曾發誓不與叛徒同生於日月之下。現在三軍將卒幾萬人爲了效力疆場,拋家棄子,經受著各種刀傷劍擊。我身爲將帥怎能不與士卒同甘苦,卻去以女色爲樂呢?」韓弘的使者無奈只好將女妓帶回汴州城。李光顏部卻因此士氣大增,連戰告捷,最後取得了平叛的勝利。

　　北宋名將兼文學家范仲淹,不僅留下了「先天下之憂而憂,後天下之樂而樂」的名句爲後人所崇敬,而且也以深知兵略,治軍有道爲兵家所佩服。他從出任陝西四路宣撫使,到官至樞密使掌握全國軍事大權,都要求部將做到:「士未飲而不敢言渴,士未食而不敢言饑」。他常常爲將士的吃住穿等擔憂,或感

茶飯不香，或則睡臥不眠。他每遇事都是想到部屬的困境疾苦，並將朝廷賞給他個人的錢財物品，全部份給部下的官兵。所以，他部下的將士每次出征作戰，都奮勇衝鋒向前，爲其效力捨命。他所指揮的部隊一直是北宋的一支勁旅。由於他的帶頭垂範作用，在他手下成長起來的諸如狄青、鐘世衡這樣許多有勇有謀的將領，都能與士兵同饑共寒，身先士卒，廉潔奉公，起表率作用。

嶽飛是中國古代將帥中廉潔奉公，爲人師表的楷模。他從嚴治軍的一個突出特點就是嚴以律己。嶽飛提出過國泰民安的兩個著名口號：「文臣不愛錢，武臣不惜死，天下太平矣。」

他身體力行，嚴守一不貪財，二不愛色，三不娶妾，四是山河未複滴酒不進的「四不」規定。他個人的日常生活極其清苦。他平常的飯菜大多是主食加一個菜。有一次，嶽飛吃到一種名叫「酸餡」的食品，他覺得味道不錯，嘗了幾個以後，就叫隨從收起來留到下頓再吃，以免浪費。岳飛在16歲時娶的一位劉姓夫人，因他從軍遠離，家鄉淪陷後，生活無著，被迫轉嫁。南渡以後，嶽飛另娶了一位李姓夫人，夫妻之間的感情甚篤。他的部屬同事們曾出於對嶽飛這位主帥的尊敬，出錢買了一個年輕美貌的土族女子，送給他做姬妻。嶽飛未曾見面就婉言謝絕了。在當時的南宋士大夫社會官吏多是三妻六妾和「西湖歌舞幾時休，直把臨安作汴京」的環境中，嶽飛能如此潔身自好，真是清淡如水，廉潔爲鏡，高風亮節，實在難得！

明朝「開國功臣第一」的徐達，既嚴於治軍，又嚴於律己。他深知，要讓廣大將士做到令行禁止，不擾害百姓，主帥必須

首先做出榜樣才行。徐達對自己要求非常嚴格，不貪色，不愛財，與士卒同甘苦。作戰時，有時軍糧供應不上，士卒挨餓，他也不進飲食，不進營帳休息。發現士卒有傷殘疾病，他親自去看望慰問，給藥治療。因此，將士們對他既尊敬又感激，都樂於聽從他的命令，以一當百，奮勇殺敵。

拿破崙常常用他那以身作則，為人師表的豪邁氣概，激勵部隊的士氣和提高戰鬥力，惟有領導者才有這種魄力。拿破崙堅定地認為，在千鈞一髮的關鍵時刻，將帥本人的堅毅決心和模範行動，是取得戰鬥勝利的巨大精神支柱。1807 年 2 月的艾勞戰役，由於法俄兩軍在基本上勢均力敵，戰鬥異常激烈，難於一決勝負。為此，拿破崙親率一支步兵停留在艾勞墓地那個戰鬥的中心地點，此時俄軍的炮彈紛紛落在他的前後左右，被炸斷的樹枝不斷地掉到他的頭上，有許多侍衛人員相繼倒下和犧牲，拿破崙本人也隨時都有中彈死亡的危險。但是，拿破崙冒著生命的危險，鎮定自若地在墓地停留幾個小時，從而穩定了軍心，使得自己的步兵毅然地屹立在這個死神籠罩的地方，時刻待命出擊，直至取得艾勞戰役的最後勝利。

二戰中的盟軍名將巴頓經常親臨戰場前線，身先士卒，做出表率，以鼓舞士氣。他認為，一個集團軍司令為完成戰鬥任務應不惜採用任何必要手段，但其任務的 80%就是鼓勵士氣，每當佔領一個城鎮時，儘管還有狙擊手射擊和延期炸彈爆炸的危險，巴頓總是同第一批進入城鎮的部隊一道進去。每次兩棲作戰，他總是不待駁艇靠灘就躍入水中，在呼嘯的子彈、大炮、迫擊炮炮火中涉水登陸，向士兵們喊著鼓舞的話。有一次，在

一個寒冷、陰雨綿綿的下午，巴頓遇到一群士兵正在路旁一側修理一輛被敵人炮火打壞的坦克。當即命令他的司機停車，他從車上跳下來，走到失去戰鬥力的坦克旁邊，爬進坦克底下去，並在坦克底下足足待了 25 分鐘。當他回到吉普車上時，渾身都是稀泥和油垢。1942 年 11 月 9 日上午，巴頓到北非達荷拉灘頭視察部隊補給品的卸載情況，灘頭不斷遭到敵機的掃射，裝運士兵與補給品的船隻靠岸後，卻無法把船推開，一旦飛機出現進行掃射，士兵就隱蔽起來，因而延遲了卸船。陸地附近 1500碼處正進行一場重要戰鬥，船上所運彈藥和其他補給品都是作戰部隊所急需的。巴頓看了幾分鐘後跳下吉普車和士兵們一起幹，他前後在灘頭共呆了近 18 個小時，身上濕透了。

心得欄

_____

_____

_____

_____

_____

_____

71

樹立威信

主管對剛剛到他手下工作的人採取威、親、敬、誘等辦法，往往產生較爲久遠的效果。

1.威

部屬報到的當天，應該讓其他部屬幫助他熟悉工作環境，讓他知道這是主管安排，並讓他體會到特別的溫暖，這叫禮。再過些時間，該是主管與部屬見面了。作爲主管應該早早提起殺威棒，找個藉口以一句話批評他，並向他暗示，今後不可偏離我的政治路線。這樣的第一印象，往往永難磨滅。

2.親

新部屬初始工作應該委以重任，一則試他的能力，二則讓他明確體會到自己對他比別人更爲信任。並在別人那裏形成新部屬與我是一條路線的政治性概念。這種親善的作法之後，即使今後偶爾沒有信任他，他也會認爲是他自己的過失所致。這時，投入感情式交談等，也應作配合方法。

3.敬

部屬所敬，無非做主管的行事公正，且知識淵博，政治藝術乃至具體領導藝術超人一等，對部屬進步和生活樣樣關心，

部屬所畏，一是因敬生畏，若師之於學生，因教導之重要，生怕自己的行動偏離了老師既定的路線；二是因利益可能受到損害，因而時時小心謹慎；三是週圍人人稱頌領導，對他敬而畏之，新部屬當然受到心理慣性的左右，領導必須事事時時，每言每行維護自己的威信。

4. 誘

也就是誘以利益，曉以利害。拿破崙曾經用利益和恐懼統治別人，現代領導更應以榮譽、利益為載體，誘使部屬產生喪失與得不到的恐懼。成語道：重賞之下，必有勇夫；欲取先予，必與制之，必先於人等大多因緣於此。

兵法常言：恩威並重，實際上恩在先，威在後，無恩不示威。

綜上所述，威、親、敬、誘是管理者和新部屬打第一次交道或剛剛接觸時的做法。

領導者並不只是僅能採取「厚」的策略，在必要的時候，也能用手段樹立威信。

「廣之將兵，乏絕之處，見水，士卒不絕飲，廣不近水。士卒不盡食，廣不嘗食。寬緩不苟，士以此愛樂為用。」這是《史記》中對漢名將李廣用兵的一段記載。由於李廣的模範帶頭，全軍將士才得以殺敵奮勇，奮不顧身。

「其身正，不令則行；其身不正，雖令不從」。高明的主管正是注重了自己在集體中的模範地位而處處身先士卒的。道理很簡單，身先士卒，能夠帶動全局。

古人如此，戰爭年代如此，當代社會亦如此。領導的模範

帶頭作用不僅僅表現在刀光劍影、炮火連天的年代，市場經濟的大潮中主管的帶頭作用仍然是巨大的。

　　主管的行動就是無聲的命令，主管的身先士卒就是最好的動員。主管說得再多，往往不如身體力行。有句話說得好：「榜樣的力量是無窮的」，何況主管已經行動在前，樹立起了榜樣，下屬們能不爭先恐後，積極肯幹嗎？

　　主管「身先士卒，帶動全局」所產生的巨大作用，的確應當引起一些「動口不動手」的領導們深思。

心得欄

72

不要失去主見，也不要固執己見

　　領導者一般都有比較自信。當自信心升到一定程度，便很容易變質，而成為自負。這時，他便容易犯固執己見，頑固不化的錯誤。我們最容易從許多偉人的生活中得到驗證。毛澤東晚年之所以發動錯誤的運動，正是由於其對自己的判斷能力過於自信，他認為別人之所以不贊同他的觀點，那是因為別人的判斷能力低於自己。

　　歷史上許多皇帝也並不是希望國家混亂，並不是喜歡奸臣。誰不希望長治久安，誰不希望自己的國家昌盛？昏君之所以愛奸臣，歸根結底只是因為奸臣順應自己的意見，順應自己的意志罷了。我們普通人，誰不願意聽好話，誰不願意別人的意志順從自己的意志？即使你的判斷能力不是很高，你也總會認為你是正確的。

　　喜歡別人順從自己的意志，不喜歡別人逆著自己的意志。其實是人的本性，誰都會有這個毛病。關鍵在於，我們在提升了自己的判斷能力以後，一定要明白自己有此本性，力圖在思考任何問題，作出任何決斷時，要摒棄自己的這種秉性，還問題以公正，還事物以真理。惟如此，我們才能在生活中儘量做

到正確；惟如此，我們才有更多的機會獲得成功；惟如此，我們在領導別人的時候才有更大的迴旋空間。

　　清朝名臣曾國藩經常以各種形式向幕僚們徵求意見，在遇有大事決斷不下時尤為如此。有時幕僚們也常常主動向曾國藩投遞條陳，對一些問題提出自己的見解和解決辦法，以供其採擇。幕僚們的這些意見，無疑會對曾國藩產生重要影響，這方面的事例可以說是俯拾即是。如採納郭嵩燾的意見，設立水師，湘軍從此名聞天下，也受到清廷的重視，可以說是曾國藩初期成敗之關鍵。咸豐四年(1854年)太平軍圍困長沙，官紳求救，全賴湘軍。而羽翼尚未豐滿的湘軍能否打好這一仗，事關存亡之大。曾國藩親自召集各營官多次討論戰守，又在官署設建議箱，請幕僚出謀劃策。曾國藩最終採納陳士傑、李元度的意見，遂有湘潭大捷。咸豐十年秋，是湘軍與太平軍戰事的關鍵時刻，英法聯軍進逼北京，咸豐帝出逃前發諭旨令鮑超北援。曾國藩陷入極難境地。北上實屬君國最大之事，萬難辭推；但有虎將之稱的鮑超一旦北上，兵力驟減，與太平軍難以對峙，多年經營毀於一旦。曾國藩令幕僚各抒己見，最後採納李鴻章「按兵請旨，且無稍動」的策略，渡過了一次危機。不久，下安慶、圍天京，形成了對太平軍作戰的優勢。那些聞旨而動的「勤王軍」，勞民傷財，貽笑天下。

　　可以說，曾國藩是把眾人的智慧為己所用的典型人物。他自己深得眾人相助之益，也多次寫信讓他的弟弟曾國荃如法炮製。他說與左宗棠共事，因為他的氣概和膽略過於常人，因而希望能與他一起共事，來幫助彌補自己的不足之處。他還勸曾

國荃「早早提拔」下屬，再三叮囑：「辦大事者，以多選替手為第一義。滿意之選不可得，姑節取其次，以待徐徐教育可也。」其後曾國荃屢遭彈劾，物議也多，曾國藩認為是他手下無好參謀所致。與此相反，曾國藩拒絕幕僚的正確建議，而遭致失敗或物議鼎沸的事例也不少。如天津教案的處理，大多數幕僚通過口頭或書面形式，直接對曾國藩提出尖銳批評，態度堅決，但曾國藩一意孤行，殺害無辜百姓以取悅洋人。其結果，「責問之書日數至」，全國一片聲討聲，「漢奸」、「賣國賊」的徽號代替了「鐘鼎世勳」，京師湖南同鄉，將會館中所懸曾國藩的「官爵匾額」砸毀在地，幾十年以來積累的聲望一日消失乾淨。曾國藩晚年對末聽幕僚勸阻頗為後悔，「深用自疚」，「引為漸作」。他在給曾國荃和曾國潢的信中說：「天津之案物議沸騰，以後大事小事，部中皆有意吹求，微言諷刺」，「心緒不免悒悒」，回到江寧僅一年多即死去。

總體而言，曾國藩能夠虛心納言，鼓勵幕僚直言敢諫，這與他在事業上取得一些成功有很大關係。

73

引咎自責是總經理反敗為勝的一個良方

作為一個領導者，難免會出現失誤。勇敢地自我批評，真誠地向人們道歉、認錯，從而反敗為勝，就維護了領導者的權威。「引咎自責」是總經理反敗為勝的一個良方。

引咎自責之所以能反敗為勝，有著兩方面的心理因素：第一，「金無足赤，人無完人」、「人非聖賢，孰能無過」，人們不再像過去那樣期望一個個「高大全」的完美領導者。第二，人們對領導者的遵從心理與敬畏心理是利弊互在的。弊在於這可以助長領導者的驕傲自大意識，利在於這種心理可以維護和穩定領導者的威信地位，便於領導者指揮團體實現自己的目的。一旦領導者有了過失，只要他稍稍有所悔悟，坦陳過錯，或問過失的危及者直接道歉，就會使人們真誠地原諒和加倍地信任你。這樣有如下好處：

1.維護權威

沒有權威的領導者不是真正的領導者。維護權威是每個領導者都必須重視的一大課題。有了過錯和失誤，顯然影響了權威的樹立，許多領導者或敷衍搪塞，或矢口否認，或避而不談。其實這反而顯出其拙劣和愚蠢。痛快地承認不足，認識過錯，

讓人們看到你勇敢的精神和坦誠，卻能奇蹟般地增加其威信。

2.顯示胸懷

宰相肚裏能撐船，這種胸懷也是一個領導者成熟的標誌。一旦有了過失、犯了錯誤，領導者如能引咎自責，向被危及一方坦陳自己過失的嚴重，一定能給人胸襟博大，大度容人的印象。

3.警策他人

有時，某項工作的過失是領導集團所犯，或本與某領導無直接關係，而這些領導又偏偏心存僥倖，或企圖蒙混，不予承認，如果某領導勇敢站出，首先承認自己的責任，往往能令其他人自慚形穢，也不得不承認錯誤。

4.消除隔閡

領導與領導之間、領導與下屬之間因為工作不可避免出現隔閡。這種隔閡或矛盾不及時消除，勢必影響工作。借助某項工作失誤之契機，領導若問另外的領導和下屬承認過錯失誤，甚至把不是自己的過錯也攬過來，往往能很快地消除偏見、隔閡、誤會，增進班子團結。

在日常生活中，當犯有小的失誤而被別有用心之人抓住不放時，我們應果斷地採取「厚」的策略，承認錯誤，以使對方無小辮子可抓。這樣，一來堵住對方之口而自保，二來可讓大家說你大度和真誠，如果對方仍然攻擊你，他人會對他產生反感。

74

為了下屬犧牲一點自己的利益

在激烈的商業競爭時代，為了提高生產力，經營者都十分善於激勵員工，顯得慷慨大方，而不讓員工時時感覺到你在拼命地克扣和壓榨他們。而且，這種慷慨也不是討價還價。當你給出去時，不應當期待任何回報。而事實上，你會因此得到更多的回報。如果你對員工付之以慷慨，他們會表現得比你更加慷慨。當然，少數員工可能會利用你的慷慨，但你很快就會知道這一點並且相應作些處理。

作為領導者，你應該毫不猶豫，該花給員工的你就得花費出去。這些費用也許有時是由公司支出，但也許有時你得自己掏錢。作為領導者，你要在這點上作出一點犧牲，而不應該在任何事情上對費用斤斤計較。有些費用，你必須自己掏出，如買打飲料、贈送新年賀卡、當員工生病時送上一束鮮花等，如果你過於計較這些費用，並將這些費用轉嫁到公司頭上時，員工們遲早會發現這一點，並認為你極不真誠。

作為領導者，犧牲一點自己的利益也許極為值得，這也是你向員工作出回饋的一種機會，而且你將因此得到更多的回報。儘管你花費的費用比他人要多，但毫無疑問的是，員工們

在你的激勵之下會拼命地工作，最終為你帶來更多的回報。

慷慨也是你自己的價值觀的一種體現，其中也包括你如何評價員工的價值。生活中不乏許多小氣之士，他儘量避免掏自己的腰包，當所有的員工都到了時，他會找個機會離開飯館；當帳單遞到桌上時，他會找個藉口離開；當大家宣導捐款時，你會找不到他的身影。當然，這些人很快就容易被人看透。作為領導者，你當然不能成為這類人中的一員，否則，雖然看來省下了一點開支，但這種逃避行為給自己的工作將造成許多問題。

「慷慨地給用出去！」這是一條重要的人事管理原則。這種規則既適用於工作，也適合於家庭。在家庭之中，如果家庭成員取得進步時，你也應該主動地給出去，這既是一種獎勵，也是密切關係的一種方式。

當然，僅僅慷慨地給予自己的員工，這還不夠。慷慨地給予顧客也同等重要。而且一般的規則都適用於顧客，你所給出的應該比顧客預期的多。對他們表現出慷慨大方，不要為最後一分錢討價還價，讓出去算了，也許會因自己的一點小小讓步而帶來不斷的業務。

遵循這種「給出去」的原則，你將會獲得無窮無盡的成功。

75

顯示出用人不疑的氣度

歷史上的許多明君都有「用人不疑」的氣度。

中國古代有一個故事，說的是一位大將軍率兵征討外虜，得勝回朝後，君主並沒有賞賜很多金銀財寶，只是交給大將軍一隻盒子。大將軍原以為是非常值錢的珠寶，可回家打開一看，原來是許多大臣寫給皇帝的奏章與信件。再一閱讀內容，大將軍明白了。

原來大將軍在率兵出征期間，國內有許多仇家便誣告他擁兵自重，企圖造反。戰爭期間，大將軍與敵軍相持不下，國君曾下令退軍，可是大將軍並未從命，而是堅持戰鬥，終於大獲全勝。在這期間，各種攻擊大將軍的奏章更是如雪片飛來，可是君王不為所動，將所有的進讒束之高閣，等大將軍回師，一齊交給了他。大將軍深受感動，他明白：君王的信任，是比任何財寶都要貴重百倍的。

這位令後人交口稱讚的君王，便是戰國時期的魏文侯，那位大將軍乃是魏國名將樂羊。

歷史往往有驚人的相似之處。這樣的事，在東漢初年又依樣畫葫蘆似的重演一次。

　　馮異是劉秀手下的一員戰將，他不僅英勇善戰，而且忠心耿耿，品德高尚。當劉秀轉戰河北時，屢遭困厄，在一次行軍途中，彈盡糧絕，饑寒交迫，是馮異送上僅有的豆粥麥飯，才使劉秀擺脫困境；還是他首先建議劉秀稱帝的。他治軍有方，為人謙遜，每當諸位將領相聚，各自誇耀功勞時，他總是一人獨避大樹之下，因此，人們稱他為「大樹將軍」。

　　馮異長期轉戰於河北、關中，甚得民心，成為劉秀政權的西北屏障。這自然引起了同僚的妒忌，一個叫宋嵩的使臣，前後四次上書，詆毀馮異，說他控制關中，擅殺官吏，威極至重，百姓歸心，都稱他為「喊陽王」。

　　馮異對自己久握兵權，遠離朝廷，也不大自安，擔心被劉秀猜忌，於是一再上書，請示回到洛陽。劉秀對馮異的確也不大放心，可西北地方卻又少不了馮異這樣一個人。

　　為了解除馮異的顧慮，劉秀便把宋嵩告發的密信送給馮異。這一招的確高明，既可解釋為對馮異深信不疑，又暗示了朝廷早有戒備，恩威並用，使馮異連忙上書自陳忠心。劉秀這才回書道:「將軍之於我，從公義講是君臣，從私恩上講如父子，我還會對你猜忌嗎？你又何必擔心呢？」

　　說是不疑，其實還是疑的，有那一個君主會對臣下真的信任不疑呢？尤其像樂羊、馮異這樣位高權重的大臣，更是國君懷疑的重點人物，他們對告密信的處理，只是作出一種姿態，表示不疑罷了，而真正的目的，還是給大臣一個暗示：我已經注視著你了，你不要輕舉妄動。既是拉攏，又是震懾，一箭雙雕，手腕可謂高明。

上司和下屬之間很容易產生誤解，形成隔閡。一個出色的政治家、管理者，常常能以其巧妙的處理，顯示自己用人不疑的氣度，使得疑人不自疑，而會更加忠心地效力於自己。

美國汽車業鉅子艾柯卡，原本為福特公司領導者亨利‧福特所器重，但由於艾柯卡經營有方，業績卓然，導致艾柯卡在福特公司的聲望如日中天；公司員工們認為，福特公司如果沒有艾柯卡就不靈了。這本來是一句真心話，卻引起了福特的忌恨，他開始懷疑艾柯卡，擔心有一天福特公司會改名為艾柯卡公司。結果，在艾柯卡為福特創造了上億美元的財富後，將艾柯卡無情地辭退了。

然而，要真做到疑人不用、用人不疑也不是件容易的事。一般的人才，都非等閒之輩，能力與野心是同在的，也很容易受到上司的懷疑。作為上司，應該具有容人之量，既然把任務交代給了下屬，就要充分相信下屬，放權放膽讓其有施展才能的機會，只有這樣，才能人盡其才。

「用人不疑」的前提必然是對下屬有足夠充分的認識，即看準他的為人如何。像劉備用孔明、關羽、張飛、趙雲這幫人，根本不會去懷疑什麼，因為彼此朝夕共處，彼此品性皆了若指掌，情同手足，又怎麼會去產生疑心呢？然而，即便是親兄弟，也會兵刃相見，爾虞我詐，歷史上這樣的例子還不夠多嗎？可見，用人不疑實在是太難了。

所以，「用人不疑」的謀略，仔細分析起來應該是包含兩方面的內容：第一是真的知人而不疑，第二是以不疑的態度或表現去對待下屬。事實上，任何一位用人者，在使用人才的過程

中，都不能夠做到真正的不疑，他們始終都還是在觀察手下的人才，時刻抱一份警惕之心，一旦發現下屬有不軌行為或動向，立即便採取「黑」的手段，先發制人，將其扼殺在搖籃裏。所以，我們所言的「用人不疑」，並不是要求用人者完全放心、完全坦然，對任何人都以誠相待、投之以一片真心。而是要求用人者在謹慎的前提下，能夠看準人，然後再大膽使用；在用人的過程中，不聽信讒言，不亂生懷疑；別人沒有過錯，沒有異己之心，就應該對別人懷有信任，在事情還沒有搞清楚之前，千萬不可亂懷疑別人而倉促採取行動，否則後悔莫及。

戰國時期，齊國的季伯投靠趙王，深得重用。有一天，有人報告說：「季伯反叛了。」趙正當時正在用餐，連筷子都沒有停下來。過了不久，又有同樣的消息傳到，趙王仍然是不予理睬。最後，季伯的報告書終於送到，原來是齊國派兵攻打燕國，季伯擔心齊國表面說伐燕，實際上是來進攻趙國，為防不測，所以季伯也就出兵以觀動靜，想趁機得「漁人之利」，取得大片城池與土地。

事實上，趙王當時或許也會在心裏猜測，季伯到底是不是反叛呢？但趙王的高明之處就在於，他能夠靜下心來，表現出對季伯十二分的信任，在事情沒有搞清楚之前，永遠對下屬抱有誠意，足見趙王深諳「用人不疑」之道。

76

給予心理上的刺激，
讓對方説出一些脱離現實的夢話

　　人類如果沒有產生惶恐不安的潛在心理，就會擁有一種努力，不斷地擴充自我，促使自己邁向目標，並會對自己有所要求，希望「自己能夠變得更偉大」，或希望「自己變得更漂亮一點」。這種希望自己達到更高理想的心態，可以促使人類不斷地成長。所以，只要對那些內向的人，或惶恐不安心理如同滾雪球不斷擴大的人，斷絕千萬內心不安的原因，就一定能使他們恢復到人類的那種向上、精力充沛的狀態，並且他們會勇往直前。這種做法的技巧，就是給予心理上的刺激，讓對方說出一些脱離現實的夢話。因為不安的心理和自我萎縮，都是因為在現實生活中想得太多所致。因此，為了消除這些不安，最好的方法就是讓對方做有關未來的美夢，其心理狀態最好能與現實產生一段距離。

　　松下幸之助不愧為管理者的楷模，他在松下電器剛創業的時候，就是利用潛在心理操縱術，消除了員工的不安心理。當時日本的經濟蕭條，公司倒閉的事情層出不窮。松下電器公司也苟延殘喘地維持著。當時的松下社長並不像後來那樣經驗豐

富，而是什麼都不懂。第一個員工都不免擔心公司也會出現危機，而使自己失去工作。這時，松下適時地把全體員工集合起來，對他們說：

「松下電器就像無盡的寶藏一樣，會不斷地出現新產品，我們擔負著開拓創業的使命。為了完成這項使命，要經過 250 年的時間。我將這 250 年分成 10 個節。第一節為 25 年，這 25 年又分為三期，第一期的 10 年間是專門建設的時期，第二期的 10 年間是持續建設時期，更是專業活動的時期，最後的五年則是持續建設和活動，有了這些措施我們就能給社會做貢獻了。我們現在所處的就是第一節的時候，第二節以後就由我們的下一代來完成。從此以後，每一代人都必須兢兢業業，按照共同的一間前進，到了第 10 節，也就是 250 年以後，這個世界就會是一個充滿了物質，富庶繁榮的樂土。」

每一個員工在聽到這篇《松下電器 250 年的計劃》後，都目瞪口呆，但等稍微恢復過來後，就像吃了定心丸，安下心來。因為他們認為「社長都這樣有幹勁，公司應該沒有問題。」松下社員工在不景氣、不賺錢的情況下，擺脫了惶恐不安，使他們對未來有強烈的幻想與憧憬。這種方法有有效之處，就是讓惶恐不安的人有一條退路，因為任何人心理不安時，其潛在心理就是想逃避，有擺脫的慾望。這時，如果讓他們談一談絢麗的幻想，不失為一條很好的逃避之途。

77

承擔責任，以「厚」馭人

勇於敢於錯誤，承認承擔責任，以「厚」馭人是管理者最常採用的策略之一。

1980 年 4 月，在營救駐伊朗的美國大使館人質的作戰計劃失敗後，當時的美國總統吉米‧卡特立即在電視機裏作了如上的聲明。

在此之前，美國人對卡特的評價並不高。有人甚至評價他是「誤入白宮的歷史上最差勁的總統」，但僅僅由於上面的那一句話——「一切責任在我」，支持卡特的人居然驟增了 10%以上。

做下屬的最擔心的就是做錯事，尤其是費了九牛二虎之力後卻依然闖了大禍的事，因為隨之而來的便是懲罰問題，責任問題。而生活原本就是一連串的過失與錯誤，再仔細、再聰明的人也有陰溝裏翻船的時候。可翻了自己的小船便也罷了，而一旦不小心捅漏了多人共同謀生的大船，也就真有可能弄個「吃不了兜著走」的下場。因此，沒有那個人不害怕擔責任的。

試想有一天你不幸闖了大禍，如驚弓之鳥般向上司報告之後，憂心忡忡地挨到第二天，坐到了那個如同「公審大會」的會場上「聽候發落」的時候，上司竟如卡特總統般眾目睽睽之

下擲地有聲地來了句：「一切責任在我！」那該是何種心境？卡特總統的例子充分說明，下屬及群眾對一個領導者的評價，往往決定於他是否有責任感。

但事實上，要像卡特那樣大難即將臨頭還能聲明「一切責任在我」並不容易，非有相當的功力不可。大多數領導在處理下屬乃至自己本人的失誤和錯事的時候，總是想提出各種理由為自己開脫，唯恐遭到連累，引火焚身。卻殊不知既是他人的「上司」，那麼下屬犯錯，即等於是自己的錯，起碼是犯了監督不力和委託非人的錯誤。何況上司的責任之一，就是教導下屬如何做事。

所以，懂得如何收攬人心的上司，在下屬闖禍之後，首先會冷靜地檢討一番自己，然後將他叫來，心平氣和地分析整個事件，告訴他錯在何處，最後重申他的宗旨——每一個下屬做事都該全力以赴，漫不經心、應付差事是要遭受懲罰的。當然，還要讓他明白，無論如何，自己永遠是他們的後衛。

那種不分清紅皂白，無論下屬的過錯是否與自己有關都大發雷霆，不時強調「我早就告訴你要如何如何」或「我那裏管得了那麼多」之類言語的上司們，不僅使下屬更不敢於正視問題，不再感到絲毫內疚，而且避免不了日後同這種上司大鬧情緒，甚至永遠不可能再擁戴他。

還有，一味埋怨下屬，推卸責任的上司，也只會令更高級別的領導反感。所以說，一方面與下屬一起承認錯誤，體現出應有的風度；另一方面，即使有其他人諸多是非，也應站在下屬一邊，替他擋駕的上司，也是最會收攬人心，也最有人緣的

上司。當然，替下屬承擔責任，替罪擋駕也不應是毫無原則的。
比如：

　　一位顧客向商店主管投訴，某位售貨員十分無禮，毫無責
任感，請他給個公道。那麼如果你是那位領導者，你要做的便
是：立刻替下屬道歉：「對不起，她平時的表現不是這樣，這兩
天心情不太好。保證以後不再有同樣的事情發生。請多多包涵。」
要知道，下屬做事不力，任何一個上司都是有責任的。

　　但責任歸責任，平息了「外患」之後，事情卻不能就此了
結。但是把那個售貨員叫來痛罵一番絕不是明智之舉，而應首
先問清楚事情的來龍去脈，然後瞭解一下她平時是否也經常遭
到顧客投訴？是否一向暴躁、無禮。如果答案是否定的，那麼
也許是因為這位顧客太咄咄逼人，或是她真的偶爾情緒欠佳，
那倒不妨提醒、安慰一下。即使想不了了之，也是未嘗不可。

　　相反，如果顧客投訴完全屬實，這名售貨員也的確經常得
罪顧客，那麼就再也不能總是講「厚」，替她承擔責任，而是應
該「黑」下臉來，興師問罪了。

　　總之，並非只在「大禍臨頭」的緊急關頭才能考驗一個人
的勇氣。一個領導者是否得人心的最好證明，往往會在像是替
下屬承擔責任、為下屬保全面子、開脫罪過等小事上體現出來。

78

在一般情況下盡可能地給下屬面子

1. 微笑著拒絕下屬

領導者懂得：和下屬交往，要多一些善意的笑，特別是當你拒絕他的時候。

據說，羅斯福在當選美國總統前，曾在海軍任要職。一天，他的一個部下向他打探海軍在加勒比海一個小島上建立核潛艇基地的計劃。

羅斯福向四週看了看，壓低嗓門說：「你能保密嗎？」

「當然能。」部下爽快她答應了。

「那麼，」羅斯福微笑地說，「我也能。」

這樣委婉的拒絕，既保守了秘密，又不使部下過份難堪，真是一舉兩得。

和下屬交往，要多一些善意的笑，特別是當你拒絕他的時候。假如下屬提出一些請求，你因某種原因不想滿足他，那麼你一定要微笑著說出你的看法，不能有一絲的惱怒，越是微笑著，心平氣和地拒絕，朋友便越能體諒你、理解你，不會因此而失去下屬的信賴，這就是功效之一。

2.讚美好比空氣，人不能缺少

卡耐基說：「讚美好比空氣，人不能缺少。」事實上，真誠的讚美是最有效的領導方法，也是生活的動力之源。它們的確像是空氣，充滿我們的汽車輪胎，載著我們在生活的大道上向前飛奔疾馳。

一位管理者指出：讚美是件好事情，但並不是一件簡單的事。若在讚美別人時，不能恰如其分缺乏一定的技巧，即便你是真誠的讚美，也會使好事變為壞事。讚美也要注意正確的方法：

⑴實事求是，措詞適當

當你的讚語沒說出口時，先要掂量一下，這種讚美有沒有事實根據，對方聽了是否相信，第三者聽了是否不以為然。一旦出現異議，你就無足夠的證據來證明自己的讚美是站得住腳的。所以，讚美只能在事實基礎上進行。

措詞也要適當。一位母親讚美孩子：「你是一個好孩子，有了你，我感到很欣慰。」這種話就很有分寸，不會使孩子驕傲。但如這位母親說：「你真是一個天才，在我看到的小孩子中，沒有一個趕得上你的。」那會把孩子引入歧途。

⑵借用第三者的口吻讚美他人

有時，我們為了博得他人好感，往往會讚美對方一番。若由自己說出：「你看來還那麼年輕」這類的話，不免有恭維、奉承之嫌。如果換個方法來說：「你真是漂亮，難怪××一直說你看上去總是那麼年輕！」可想而知，對方必然會認為你不是在奉承他。一般人的觀念中，總認為「第三者」所說的話是比較公

正、實在的。因此，以「第三者」的口吻來讚美，更能得到對方的好感和信任。

⑶間接地讚美他人

如果直接讚揚一個人，有時反而會使他感到虛假，或者會疑心你不是誠心的。這時，你有必要採取一些迂廻的方法。比如，你可以稱讚他所從事的職業以及這個職業在生活中的地位、作用等，這樣不僅能對對方起到讚揚鼓舞的作用，而且還能使對方感到你對他的讚揚是真誠的。

⑷讚美須熱情具體

我們經常看到有人在稱讚別人時所表現出來的漫不經心：「你這篇文章寫得蠻好」，「你這件衣服很好看」，「你的歌唱得不錯」……這種缺乏熱誠的空洞的稱讚並不能使對方感到高興，有時甚至會由於你的敷衍而引起反感和不滿。

稱讚別人，要盡可能熱情些具體些。比如，上述三句稱讚的話可以分別改成：「這篇文章寫得很好，特別是後面一個問題有新意。」「你這件衣服很好看，這種款式很適合你的年齡。」「你的歌唱得不錯，不熟悉你的人沒準還以為你是專業演員哩。」

⑸比較性的讚美

兩個學生各拿著自己畫的一幅畫請老師評價。老師如果對甲說：「你畫的不如他。」乙也許比較得意，而甲心中一定不悅；不如對乙說：「你畫的比他還要好。」乙固然很高興，甲也不至於太掃興。

⑹把讚美用於鼓勵

用讚美來鼓勵，能樹起人的自尊心。要一個人經常努力把事情幹好，首要的是激起他的自尊心。有些人因第一次於某種事情，幹得不好，你應當怎樣說他呢？不管他有多大的毛病，你應該說：「第一次有這樣的成績就不錯了。」對第一次登臺、第一次比賽、第一次寫文章、第一次……的人，你這種讚揚會讓人深刻地記一輩子。

⑺讚揚要適度

適度的讚揚，會使人心情舒暢；否則，使人難堪、反感，或覺得你在拍馬屁。因此，合理地把握讚揚的「度」，是一個必須重視的問題。

另外，讚揚的方式要適宜，即針對不同的對象，採取不同的讚揚方式和口吻去適應對方。如對年輕人，語氣上可稍帶誇張些；對德高望重的長者，語氣上應帶有尊重的口吻；對思維機敏的人要直截了當；對有疑慮心理的人，要儘量明顯，把話說透；讚揚的頻率也要適當。在一定時間內讚揚他人的次數越多，讚揚的作用就越小，對同一個人尤其如此。

79

厚待下屬，增強凝聚力

美國汽車大王福特家族的起落滄桑，無不與能否用好智囊人物有關。

福特家族的創始人亨利‧福特一世從 1889 年開始，曾兩次嘗試創辦汽車公司，結果都因缺乏管理企業的本領而失敗。失敗使老福特聰明起來，他便聘請了一位叫詹姆斯‧庫茲恩斯的管理專家出任經理。

庫氏上任後，採取三項重大措施：一是進行市場預測，得出結論，只有生產美觀、耐用、定價 500 美元左右的汽車才能打開銷路；二是組織設計了世界上第一條汽車裝配流水線，把生產率提高了 80 多倍，大大降低了生產成本；三是建立了一個完善的銷售網。三條措施的實施，使福特公司在短短的幾年裏，一躍登上世界汽車行業第一霸主的寶座，老福特本人也由此獲得了「汽車大王」的稱號。

但是在成功和榮譽面前，老福特開始頭腦發昏，變得獨斷專行，聽不得不同意見，許多人才紛紛離去，連庫茲恩斯也只得另覓新枝。從此，福特公司失去了生機，喪失了開發新產品的能力，在長達 19 年的時間裏，只向市場提供了一個車型，而

且都是黑色的，終於被它的主要對手——通用汽車公司擊敗。

1945 年，老福特的孫子福特二世繼承了祖業。為了挽救公司這個爛攤子，他聘用一些傑出的管理人才，比如原通用汽車公司副總經理內斯特‧布里奇，後來擔任過美國國防部長的麥克納馬拉，當過世界銀行行長的桑頓等。這些人對福特公司進行了一系列改革，便公司重新煥發了生機，利潤連年上升，並推出了一種外型美觀、價格合理、操作方便、廣泛適用的「野馬」轎車，創下了福特新車首年銷售量最高的紀錄，把「福特王國」又一次推向事業的頂峰。

正當此時，亨利‧福特二世也走上了他祖父翻車的錯誤道路。他獨斷專行，甚至忌賢妒能，布里奇、麥克納馬拉等人只得離開福特公司。從此，福特二世愈演愈烈，從 1968 年到 1979 年，以突然襲擊的手段，連連解僱了三位總經理。整個公司像黑雲壓城一樣，沉悶壓抑，人心浮動，人才外流。福特公司從此無所作為，從原有的市場上節節敗退。面對大江東去的敗局，福特二世不得不辭掉公司董事長的職務，把整個公司的經營權轉讓給福特家族外的專家菲力浦‧卡德威爾，結束了福特家族 77 年的統治。

既然能否用好智囊人物決定了企業的興衰，那麼怎樣才能發掘和發揮「智囊團」的優勢呢？韓國的企業家在這方面的做法頗值得經營管理者借鑑。

為了發掘職工的聰明才智，韓國五大財團在企業設立「建議箱」，收到極佳效果。

現代財團的各公司規定每人一年要提出二至六條建議，各

部處每月舉行一次建議發表會。經專門審查委員會審查後分爲一至十等，一經採用即給予 3000 元至 50 萬元的獎勵(約 750 元合 1 美元)。

樂善金星財團每年按月、季、年頒發「樂善建議大獎」、「最多建議獎」、「最優秀建議獎」、「建議最多部處獎」，平均每個職工每月提一條建議，從計劃到售後服務應有盡有。

三星財團從 1981 年就開始實行建議表彰制度。設金獎 200 萬元，銀獎 100 萬元，銅獎 50 萬元。

大宇財團不僅設立了小「建議箱」，而且還建立了「電話建議制度」，讓職工把一閃念中出現的想法立即通過電話提出來。安排專職人員接電話，設金、銀、銅、鼓勵獎。

鮮京財團的高招是，如果一人或幾人提出的建議被採納，公司便提供資金，由提建議者獨立去經營，去實踐，變成現實。

心得欄

圖 書 出 版 目 錄

1. 傳播書香社會，凡向本出版社購買（或郵局劃撥購買），一律 9 折優惠。
   服務電話 (02) 27622241　(03) 9310960　　傳真 (02) 27620377
2. 郵局劃撥號碼：18410591　郵局劃撥戶名：憲業企管顧問公司
3. 圖書出版資料隨時更新，請見網站　www.bookstore99.com
4. **CD 贈品**　直接向出版社購買圖書，本公司提供 CD 贈品如下：買 3 本書，贈送 1 套 CD 片。買 6 本書，贈送 2 套 CD 片。買 9 本書，贈送 3 套 CD 片。買 12 本書，贈送 4 套 CD 片。CD 片贈品種類，列表在本「圖書出版目錄」最末頁處。
5. **電子雜誌贈品**　回饋讀者，免費贈送《環球企業內幕報導》電子報，請將你的 e-mail、姓名，告訴我們編輯部郵箱 huang2838@yahoo.com.tw 即可。

經營顧問叢書

4	目標管理實務	320 元	18	聯想電腦風雲錄	360 元
5	行銷診斷與改善	360 元	19	中國企業大競爭	360 元
6	促銷高手	360 元	21	搶灘中國	360 元
7	行銷高手	360 元	22	營業管理的疑難雜症	360 元
8	海爾的經營策略	320 元	23	高績效主管行動手冊	360 元
9	行銷顧問師精華輯	360 元	25	王永慶的經營管理	360 元
10	推銷技巧實務	360 元	26	松下幸之助經營技巧	360 元
11	企業收款高手	360 元	30	決戰終端促銷管理實務	360 元
12	營業經理行動手冊	360 元	31	銷售通路管理實務	360 元
13	營業管理高手（上）	一套	32	企業併購技巧	360 元
14	營業管理高手（下）	500 元	33	新產品上市行銷案例	360 元
16	中國企業大勝敗	360 元	37	如何解決銷售管道衝突	360 元

46	營業部門管理手冊	360 元	80	內部控制實務	360 元
47	營業部門推銷技巧	390 元	81	行銷管理制度化	360 元
49	細節才能決定成敗	360 元	82	財務管理制度化	360 元
52	堅持一定成功	360 元	83	人事管理制度化	360 元
55	開店創業手冊	360 元	84	總務管理制度化	360 元
56	對準目標	360 元	85	生產管理制度化	360 元
57	客戶管理實務	360 元	86	企劃管理制度化	360 元
58	大客戶行銷戰略	360 元	87	電話行銷倍增財富	360 元
59	業務部門培訓遊戲	380 元	88	電話推銷培訓教材	360 元
60	寶潔品牌操作手冊	360 元	90	授權技巧	360 元
61	傳銷成功技巧	360 元	91	汽車販賣技巧大公開	360 元
63	如何開設網路商店	360 元	92	督促員工注重細節	360 元
66	部門主管手冊	360 元	93	企業培訓遊戲大全	360 元
67	傳銷分享會	360 元	94	人事經理操作手冊	360 元
68	部門主管培訓遊戲	360 元	95	如何架設連鎖總部	360 元
69	如何提高主管執行力	360 元	96	商品如何舖貨	360 元
70	賣場管理	360 元	97	企業收款管理	360 元
71	促銷管理（第四版）	360 元	98	主管的會議管理手冊	360 元
72	傳銷致富	360 元	100	幹部決定執行力	360 元
73	領導人才培訓遊戲	360 元	106	提升領導力培訓遊戲	360 元
75	團隊合作培訓遊戲	360 元	107	業務員經營轄區市場	360 元
76	如何打造企業贏利模式	360 元	109	傳銷培訓課程	360 元
77	財務查帳技巧	360 元	111	快速建立傳銷團隊	360 元
78	財務經理手冊	360 元	112	員工招聘技巧	360 元
79	財務診斷技巧	360 元	113	員工績效考核技巧	360 元

114	職位分析與工作設計	360元	144	企業的外包操作管理	360元
116	新產品開發與銷售	400元	145	主管的時間管理	360元
117	如何成為傳銷領袖	360元	146	主管階層績效考核手冊	360元
118	如何運作傳銷分享會	360元	147	六步打造績效考核體系	360元
122	熱愛工作	360元	148	六步打造培訓體系	360元
124	客戶無法拒絕的成交技巧	360元	149	展覽會行銷技巧	360元
125	部門經營計畫工作	360元	150	企業流程管理技巧	360元
126	經銷商管理手冊	360元	152	向西點軍校學管理	360元
127	如何建立企業識別系統	360元	153	全面降低企業成本	360元
128	企業如何辭退員工	360元	154	領導你的成功團隊	360元
129	邁克爾·波特的戰略智慧	360元	155	頂尖傳銷術	360元
130	如何制定企業經營戰略	360元	156	傳銷話術的奧妙	360元
131	會員制行銷技巧	360元	158	企業經營計畫	360元
132	有效解決問題的溝通技巧	360元	159	各部門年度計畫工作	360元
133	總務部門重點工作	360元	160	各部門編制預算工作	360元
134	企業薪酬管理設計		161	不景氣時期，如何開發客戶	360元
135	成敗關鍵的談判技巧	360元	162	售後服務處理手冊	360元
137	生產部門、行銷部門績效考核手冊	360元	163	只為成功找方法，不為失敗找藉口	360元
138	管理部門績效考核手冊	360元	166	網路商店創業手冊	360元
139	行銷機能診斷	360元	167	網路商店管理手冊	360元
140	企業如何節流	360元	168	生氣不如爭氣	360元
141	責任	360元	169	不景氣時期，如何鞏固老客戶	360元
142	企業接棒人	360元	170	模仿就能成功	350元
143	總經理工作重點	360元	171	行銷部流程規範化管理	360元

172	生產部流程規範化管理	360 元	198	銷售說服技巧	360 元
173	財務部流程規範化管理	360 元	199	促銷工具疑難雜症與對策	360 元
174	行政部流程規範化管理	360 元	200	如何推動目標管理（第三版）	390 元
175	人力資源部流程規範化管理	360 元	201	網路行銷技巧	360 元
176	每天進步一點點	350 元	202	企業併購案例精華	360 元
177	易經如何運用在經營管理	350 元	204	客戶服務部工作流程	360 元
178	如何提高市場佔有率	360 元	205	總經理如何經營公司 （增訂二版）	360 元
179	推銷員訓練教材	360 元	206	不景氣時期，如何鞏固客戶 （增訂二版）	360 元
180	業務員疑難雜症與對策	360 元			
181	速度是贏利關鍵	360 元	207	確保新產品開發成功 （增訂三版）	360 元
182	如何改善企業組織績效	360 元			
183	如何識別人才	360 元	208	經濟大崩潰	360 元
184	找方法解決問題	360 元	209	鋪貨管理技巧	360 元
185	不景氣時期，如何降低成本	360 元	210	商業計畫書撰寫實務	360 元
186	營業管理疑難雜症與對策	360 元	211	電話推銷經典案例	360 元
187	廠商掌握零售賣場的竅門	360 元	212	客戶抱怨處理手冊(增訂二版)	360 元
188	推銷之神傳世技巧	360 元	213	現金為王	360 元
189	企業經營案例解析	360 元	214	售後服務處理手冊（增訂三版）	360 元
191	豐田汽車管理模式	360 元			
192	企業執行力（技巧篇）	360 元	215	行銷計畫書的撰寫與執行	360 元
193	領導魅力	360 元	216	內部控制實務與案例	360 元
194	注重細節（增訂四版）	360 元	217	透視財務分析內幕	360 元
195	電話行銷案例分析	360 元	218	主考官如何面試應徵者	360 元
196	公關活動案例操作	360 元	219	總經理如何管理公司	360 元
197	部門主管手冊(增訂四版)	360 元			

《商店叢書》

1	速食店操作手冊	360 元
4	餐飲業操作手冊	390 元
5	店員販賣技巧	360 元
6	開店創業手冊	360 元
8	如何開設網路商店	360 元
9	店長如何提升業績	360 元
10	賣場管理	360 元
11	連鎖業物流中心實務	360 元
12	餐飲業標準化手冊	360 元
13	服飾店經營技巧	360 元
14	如何架設連鎖總部	360 元
18	店員推銷技巧	360 元
19	小本開店術	360 元
20	365 天賣場節慶促銷	360 元
21	連鎖業特許手冊	360 元
22	店長操作手冊（增訂版）	360 元
23	店員操作手冊（增訂版）	360 元
24	連鎖店操作手冊（增訂版）	360 元
25	如何撰寫連鎖業營運手冊	360 元
26	向肯德基學習連鎖經營	350 元
27	如何開創連鎖體系	360 元
28	店長操作手冊（增訂三版）	360 元
29	店員工作規範	360 元

《工廠叢書》

1	生產作業標準流程	380 元
4	物料管理操作實務	380 元
5	品質管理標準流程	380 元
6	企業管理標準化教材	380 元
8	庫存管理實務	380 元
9	ISO 9000 管理實戰案例	380 元
10	生產管理制度化	360 元
11	ISO 認證必備手冊	380 元
12	生產設備管理	380 元
13	品管員操作手冊	380 元
14	生產現場主管實務	380 元
15	工廠設備維護手冊	380 元
16	品管圈活動指南	380 元
17	品管圈推動實務	380 元
18	工廠流程管理	380 元
20	如何推動提案制度	380 元
22	品質管制手法	380 元
24	六西格瑪管理手冊	380 元
28	如何改善生產績效	380 元
29	如何控制不良品	380 元
30	生產績效診斷與評估	380 元
31	生產訂單管理步驟	380 元
32	如何藉助 IE 提升業績	380 元
33	部門績效評估的量化管理	380 元

34	如何推動 5S 管理（增訂三版）	380 元
35	目視管理案例大全	380 元
36	生產主管操作手冊(增訂三版)	380 元
37	採購管理實務（增訂二版）	380 元
38	目視管理操作技巧(增訂二版)	380 元
39	如何管理倉庫（增訂四版）	380 元
40	商品管理流程控制(增訂二版)	380 元
41	生產現場管理實戰	380 元
42	物料管理控制實務	380 元
43	工廠崗位績效考核實施細則	380 元
	確保新產品開發成功（增訂三版）	360 元
45	零庫存經營手法	
46	降低生產成本	380 元
47	物流配送績效管理	380 元
48	生產部門流程控制卡技巧	380 元

《醫學保健叢書》

1	9 週加強免疫能力	320 元
2	維生素如何保護身體	320 元
3	如何克服失眠	320 元
4	美麗肌膚有妙方	320 元
5	減肥瘦身一定成功	360 元
6	輕鬆懷孕手冊	360 元
7	育兒保健手冊	360 元
8	輕鬆坐月子	360 元

9	生男生女有技巧	360 元
10	如何排除體內毒素	360 元
11	排毒養生方法	360 元
12	淨化血液 強化血管	360 元
13	排除體內毒素	360 元
14	排除便秘困擾	360 元
15	維生素保健全書	360 元
16	腎臟病患者的治療與保健	360 元
17	肝病患者的治療與保健	360 元
18	糖尿病患者的治療與保健	360 元
19	高血壓患者的治療與保健	360 元
21	拒絕三高	360 元
22	給老爸老媽的保健全書	360 元
23	如何降低高血壓	360 元
24	如何治療糖尿病	360 元
25	如何降低膽固醇	360 元
26	人體器官使用說明書	360 元
27	這樣喝水最健康	360 元
28	輕鬆排毒方法	360 元
29	中醫養生手冊	360 元
30	孕婦手冊	360 元
31	育兒手冊	360 元
32	幾千年的中醫養生方法	360 元
33	免疫力提升全書	360 元
34	糖尿病治療全書	360 元

35	活到 120 歲的飲食方法	360 元
36	7 天克服便秘	360 元
37	為長壽做準備	360 元

《幼兒培育叢書》

1	如何培育傑出子女	360 元
2	培育財富子女	360 元
3	如何激發孩子的學習潛能	360 元
4	鼓勵孩子	360 元
5	別溺愛孩子	360 元
6	孩子考第一名	360 元
7	父母要如何與孩子溝通	360 元
8	父母要如何培養孩子的好習慣	360 元
9	父母要如何激發孩子學習潛能	360 元
10	如何讓孩子變得堅強自信	360 元

《成功叢書》

1	猶太富翁經商智慧	360 元
2	致富鑽石法則	360 元
3	發現財富密碼	360 元

《企業傳記叢書》

1	零售巨人沃爾瑪	360 元
2	大型企業失敗啟示錄	360 元
3	企業併購始祖洛克菲勒	360 元
4	透視戴爾經營技巧	360 元
5	亞馬遜網路書店傳奇	360 元
6	動物智慧的企業競爭啟示	320 元

7	CEO 拯救企業	360 元
8	世界首富　宜家王國	360 元
9	航空巨人波音傳奇	360 元
10	傳媒併購大亨	360 元

《智慧叢書》

1	禪的智慧	360 元
2	生活禪	360 元
3	易經的智慧	360 元
4	禪的管理大智慧	360 元
5	改變命運的人生智慧	360 元
6	如何吸取中庸智慧	360 元
7	如何吸取老子智慧	360 元
8	如何吸取易經智慧	360 元

《DIY 叢書》

1	居家節約竅門 DIY	360 元
2	愛護汽車 DIY	360 元
3	現代居家風水 DIY	360 元
4	居家收納整理 DIY	360 元
5	廚房竅門 DIY	360 元
6	家庭裝修 DIY	360 元
7	省油大作戰	360 元

《傳銷叢書》

4	傳銷致富	360 元
5	傳銷培訓課程	360 元
7	快速建立傳銷團隊	360 元

9	如何運作傳銷分享會	360 元
10	頂尖傳銷術	360 元
11	傳銷話術的奧妙	360 元
12	現在輪到你成功	350 元
13	鑽石傳銷商培訓手冊	350 元
14	傳銷皇帝的激勵技巧	360 元
15	傳銷皇帝的溝通技巧	360 元
16	傳銷成功技巧（增訂三版）	360 元
17	傳銷領袖	360 元

《財務管理叢書》

1	如何編制部門年度預算	360 元
2	財務查帳技巧	360 元
3	財務經理手冊	360 元
4	財務診斷技巧	360 元
5	內部控制實務	360 元
6	財務管理制度化	360 元
7	現金爲王	360 元

《培訓叢書》

1	業務部門培訓遊戲	380 元
2	部門主管培訓遊戲	360 元
3	團隊合作培訓遊戲	360 元
4	領導人才培訓遊戲	360 元
5	企業培訓遊戲大全	360 元
8	提升領導力培訓遊戲	360 元
9	培訓部門經理操作手冊	360 元

10	專業培訓師操作手冊	360 元
11	培訓師的現場培訓技巧	360 元
12	培訓師的演講技巧	360 元
13	培訓部門經理操作手冊（增訂二版）	360 元
14	解決問題能力的培訓技巧	360 元
15	戶外培訓活動實施技巧	360 元
16	提升團隊精神的培訓遊戲	360 元
17	針對部門主管的培訓遊戲	360 元

爲方便讀者選購，本公司將一部分上述圖書又加以專門分類如下：

《企業制度叢書》

1	行銷管理制度化	360 元
2	財務管理制度化	360 元
3	人事管理制度化	360 元
4	總務管理制度化	360 元
5	生產管理制度化	360 元
6	企劃管理制度化	360 元

《主管叢書》

1	部門主管手冊	360 元
2	總經理行動手冊	360 元
3	營業經理行動手冊	360 元
4	生產主管操作手冊	380 元
5	店長操作手冊（增訂版）	360 元
6	財務經理手冊	360 元

7	人事經理操作手冊	360 元

《人事管理叢書》

1	人事管理制度化	360 元
2	人事經理操作手冊	360 元
3	員工招聘技巧	360 元
4	員工績效考核技巧	360 元
5	職位分析與工作設計	360 元
6	企業如何辭退員工	360 元
7	總務部門重點工作	360 元

《理財叢書》

1	巴菲特股票投資忠告	360 元
2	受益一生的投資理財	360 元
3	終身理財計畫	360 元
4	如何投資黃金	360 元
5	巴菲特投資必贏技巧	360 元
6	投資基金賺錢方法	360 元
7	索羅斯的基金投資必贏忠告	360 元

CD 贈品

（企管培訓課程 CD 片）

(1)	解決客戶的購買抗拒
(2)	企業成功的方法（上）
(3)	企業成功的方法（下）
(4)	危機管理
(5)	口才訓練
(6)	行銷戰術（上）
(7)	行銷戰術（下）
(8)	會議管理
(9)	做一個成功管理者（上）
(10)	做一個成功管理者（下）
(11)	時間管理

註：感謝學員惠於提供資料。本欄 11 套 CD 贈品不定期增加，請詳看。讀者直接向出版社購買圖書 3 本，送 1 套 CD。買圖書 6 本，送 2 套 CD。買圖書 9 本，送 3 套 CD。買圖書 12 本以上，送 4 套 CD。購書時，請註明索取 CD 贈品種類。

回饋讀者，免費贈送《環球企業內幕報導》電子報，請將你的
e-mail、姓名，告訴我們 huang2838@yahoo.com.tw 即可。

經營顧問叢書 ㉑⑨　　　　　售價：360 元

總經理如何管理公司

西元二〇〇九年八月　　　　　初版一刷

編著：李平貴

策劃：麥可國際出版有限公司（新加坡）

編輯：蕭玲

校對：焦俊華

發行人：黃憲仁

發行所：憲業企管顧問有限公司

電話：（02）2762-2241　　0930872873

臺北聯絡處：臺北郵政信箱第 36 之 1100 號

郵政劃撥：18410591 憲業企管顧問有限公司

江祖平律師顧問：紙品書、數位書著作權與版權均歸本公司所有

大陸地區訂書，請撥打大陸手機：13243710873

本公司徵求海外版權代理出版代理商（0930872873）

出版社登記：局版台業字第 6380 號

ISBN：978-986-6421-18-1

擴大編制，誠徵新加坡、臺北編輯人員，請來函接洽。